WELT DER ZAHL 2

Herausgegeben von
Prof. Dr. Hans-Dieter Rinkens
Dr. Thomas Rottmann
Gerhild Träger

Erarbeitet von
Steffen Dingemans, Jörg Franks, Claudia Neuburg, Kerstin Peiker,
Prof. Dr. Andrea Peter-Koop, Prof. Dr. Hans-Dieter Rinkens,
Dr. Thomas Rottmann, Michaela Schmitz, Gerhild Träger

Die Länderausgabe wurde erarbeitet von
Julia Braun, Grünwettersbach • Prof. Dr. Andreas Kittel,
Weingarten • Sabine Stix, Schwäbisch Gmünd •
Melanie Szymanski, Baden-Baden • Dorothea Ziegler, Aidlingen

Schroedel
westermann

Inhaltsverzeichnis

Prozessbezogene Kompetenzen

K Kommunizieren; A Argumentieren; P Problemlösen; M Modellieren; D Darstellen

Hallo, wie schön,
dass wir uns alle wiederseh'n.
Ein neues Schuljahr fängt
mal wieder an …

Schreibe die Aufgaben ins Heft. Rechne. Schreibe dann das Lösungswort.

1

4 + 4
10 + 2
10 + 1
16 + 1
9 − 4
10 − 4

4	+	4	=	8		T
1 0	+	2	=	1 2		Ü
1 0	+	1	=			
1 6	+	1	=			
	9	−	4	=		
1 0	−	4	=			
T Ü						

2

5 + 5
20 + 1
10 + 1
20 − 1
12 + 2
10 − 5
0 + 5

0	1	2	3	4	5	6	7	8	9	10
B	H	O	A	L	E	I	S	T	M	N

4

1

10 − 2 − 2

5 + 5 + 5

20 − 1 − 1

20 + 1 + 1

14 − 4 − 4

4 + 6 + 6

10 − 0 − 0

2

15 + 2

13 − 2

16 + 2

14 − 4

19 − 2

13 + 3

15 − 5

10 − 9

10 − 7

17 + 3

11 + 3

3

10 + 3

15 − 4

11 + 5

10 − 4

8 − 8

13 + 5

16 + 3

4

8 − 3 − 5

12 − 2 − 7

10 + 3 + 7

9 + 1 + 6

20 − 5 − 4

19 − 8 − 1

10 − 9 − 0

14 + 6 + 1

2 + 8 + 3

11	12	13	14	15	16	17	18	19	20	21	22
R	Ü	F	S	T	E	K	A	D	U	O	L

1

Zahlenfreunde **7**

4 + ___ = 7   6 + ___ = 7

1 + ___ = 7   7 + ___ = 7

5 + ___ = 7   2 + ___ = 7

0 + ___ = 7   3 + ___ = 7

2 a) 2 + ___ = 10   b) 3 + ___ = 10   c) 4 + ___ = 10

7 + ___ = 10   0 + ___ = 10   1 + ___ = 10

6 + ___ = 10   5 + ___ = 10   8 + ___ = 10

Zahlenfreunde **10**

3 a) 2 + ___ = 5   b) 1 + ___ = 4   c) 5 + ___ = 8   d) 3 + ___ = 9

3 + ___ = 5   2 + ___ = 4   2 + ___ = 8   4 + ___ = 9

0 + ___ = 5   3 + ___ = 4   6 + ___ = 8   2 + ___ = 9

4 + ___ = 5   0 + ___ = 4   1 + ___ = 8   7 + ___ = 9

4

Das Doppelte von 6 ist 12.

a) 6 + 6   b) 4 + 4   c) 8 + 8   d) 2 + 2   e) 7 + 7

3 + 3   1 + 1   5 + 5   9 + 9   10 + 10

5 Zeichne die Tabellen in dein Heft und fülle sie aus.

Zahl			8	6		10		2
die Hälfte					3		0	

Zahl			5	7		9		0
das Doppelte				12		20		

Ich zeichne die Tabellen mit Lineal.

6 a) 17 − 7   b) 11 − 1   c) 15 − 5   d) 19 − 9   e) 13 − 3

14 − 4   18 − 8   12 − 2   16 − 6   20 − 10

7 a) 11 − 10   b) 12 − 10   c) 18 − 10   d) 14 − 10   e) 16 − 10

15 − 10   19 − 10   13 − 10   17 − 10   20 − 10

1

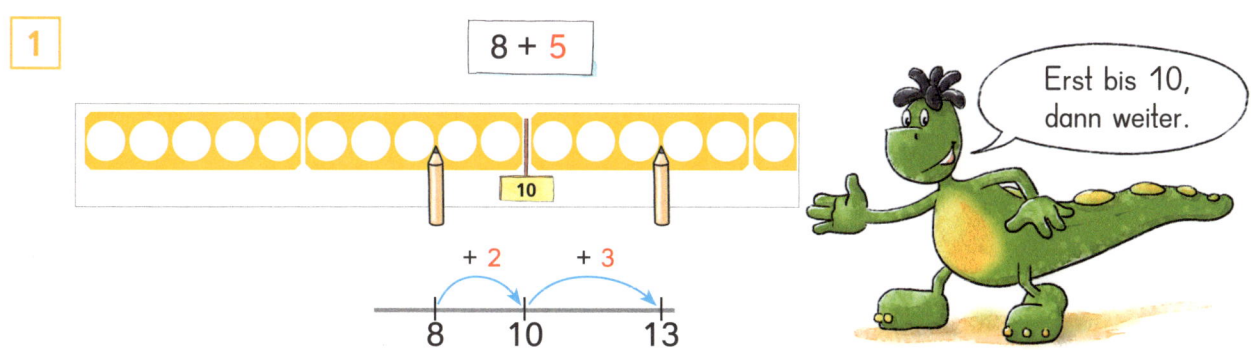

8 + 5

Erst bis 10, dann weiter.

+ 2   + 3

8   10   13

a) 8 + 5   b) 9 + 4   c) 8 + 6   d) 8 + 8   e) 7 + 3
   9 + 5   7 + 4   9 + 6   8 + 3   7 + 6
   6 + 5   8 + 4   7 + 6   8 + 7   7 + 8

2

Ich rechne zuerst die kleine Schwester.

5 + 3 = ____

15 + 3

a) 15 + 3   b) 13 + 3   c) 11 + 6   d) 16 + 3
   13 + 4   14 + 5   17 + 2   11 + 4
   12 + 7   18 + 2   13 + 7   12 + 8

3 Denke an die Tauschaufgabe.
   a) 2 + 17   b) 5 + 12   c) 4 + 16   d) 2 + 13   e) 5 + 15
      3 + 14   1 + 18   3 + 15   4 + 12   2 + 19

4 Schreibe zu jedem Entdecker-Päckchen zwei passende Aufgaben dazu.
   a) 7 + 1   b) 10 + 3   c) 6 + 5   d) 10 + 3   e) 7 + 6
      7 + 2   11 + 3   6 + 6   9 + 4   8 + 6
      7 + 3   12 + 3   6 + 7   8 + 5   9 + 6

5 Schau dir jedes Päckchen in Aufgabe 4 an. Zu welcher Regel passt es?
   A: Erste Zahl immer 1 mehr, zweite Zahl immer gleich, Ergebnis immer 1 mehr.
   B: Erste Zahl immer gleich, zweite Zahl immer 1 mehr, Ergebnis immer ……. .
   C: Erste Zahl immer 1 weniger, zweite Zahl immer 1 mehr, Ergebnis immer ……. .

6

Zuerst mit 10 rechnen.

Dann 1 weniger.

+ 10

− 1

5   14   15

a) 5 + 9   b) 3 + 9
   7 + 9   8 + 9

c) 9 + 6   d) 9 + 7
   9 + 4   9 + 9

7

1

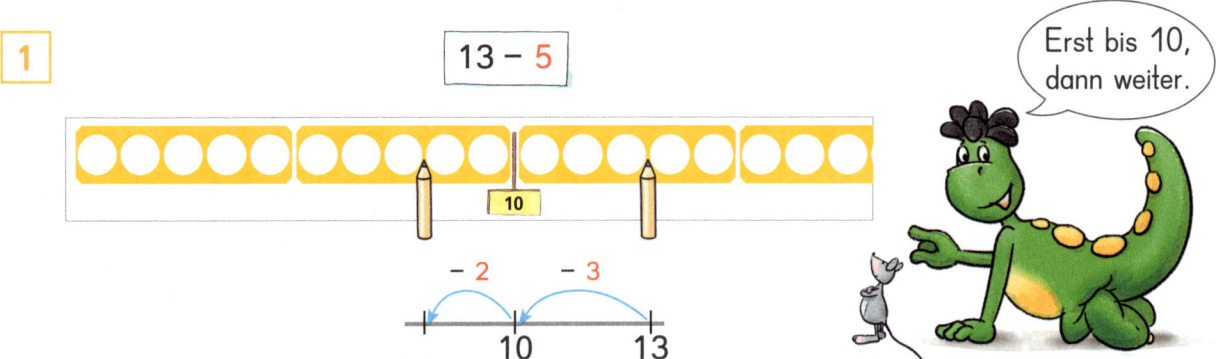

13 − 5

Erst bis 10, dann weiter.

− 2   − 3

10   13

a) 13 − 5   b) 15 − 6   c) 13 − 7   d) 14 − 5   e) 12 − 6
14 − 5   11 − 6   15 − 7   14 − 7   12 − 8
11 − 5   13 − 6   16 − 7   14 − 9   12 − 5

2

Ich rechne zuerst die kleine Schwester.
6 − 4 = ___

a) 16 − 4   b) 16 − 2   c) 19 − 7   d) 17 − 3   16 − 4
15 − 3   18 − 4   19 − 2   18 − 3
13 − 2   14 − 3   16 − 4   17 − 5

3 Schreibe zu jedem Entdecker-Päckchen zwei passende Aufgaben dazu.

a) 13 − 4   b) 17 − 4   c) 12 − 2   d) 13 − 6   e) 10 − 4
14 − 4   17 − 5   12 − 3   14 − 6   11 − 5
15 − 4   17 − 6   12 − 4   15 − 6   12 − 6

4 Schau dir jedes Päckchen in Aufgabe 3 an. Zu welcher Regel passt es?

A: Erste Zahl immer 1 mehr, zweite Zahl immer gleich, Ergebnis immer 1 mehr.

B: Erste Zahl immer gleich, zweite Zahl immer 1 mehr, Ergebnis immer ......

C: Erste Zahl immer 1 mehr, zweite Zahl immer 1 mehr, Ergebnis immer ......

5 Findest du zu jeder Regel in Aufgabe 4 ein eigenes Päckchen?

6  Zuerst mit 10 rechnen. 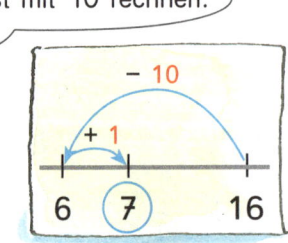 Dann 1 dazu.

− 10
+ 1
6 7   16

a) 16 − 9   b) 12 − 9
13 − 9   14 − 9

c) 15 − 9   d) 17 − 9
11 − 9   18 − 9

7 a) 16 − 6 − 4   b) 15 − 3 − 7   c) 15 − 5 − 7   d) 13 − 5 − 3
13 − 3 − 7   19 − 4 − 6   15 − 7 − 5   17 − 8 − 7
18 − 8 − 2   11 − 8 − 2   14 − 7 − 4   11 − 7 − 1

1 Eine Traube ist faul. Rechne die anderen.

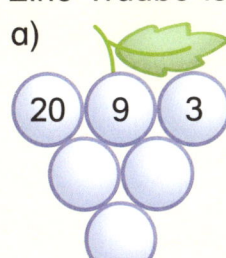

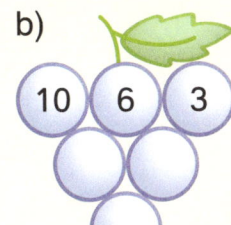

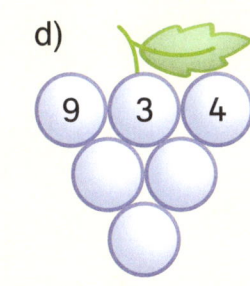

a) 20, 5   b) 3, 6   c) 13, 7   d) 6, 0   e) 7, 7

2 Eine Traube ist faul. Rechne die anderen.

a)   b)   c)   d)

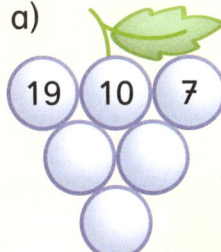

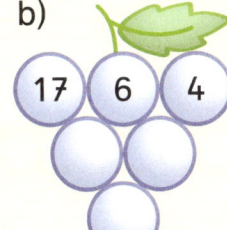

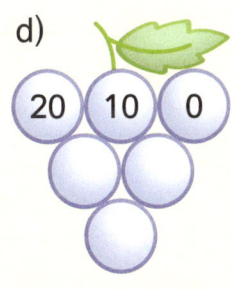

a) 20, 9, 3   b) 10, 6, 3   c) 19, 7, 4   d) 9, 3, 4

3 Eine Traube ist faul. Rechne die anderen.

a)   b)   c)   d)

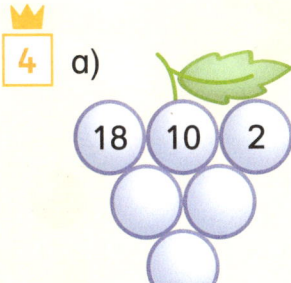

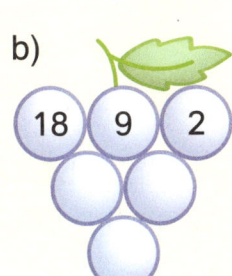

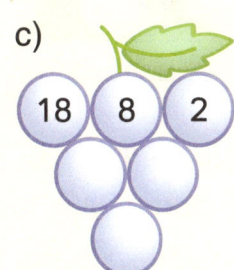

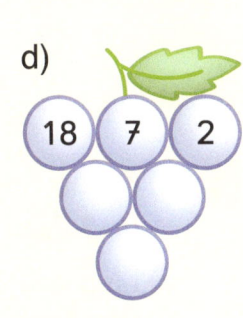

a) 19, 10, 7   b) 17, 6, 4   c) 16, 10, 2   d) 20, 10, 0

4 a)   b)   c)   d)

a) 18, 10, 2   b) 18, 9, 2   c) 18, 8, 2   d) 18, 7, 2

e) Von Traube zu Traube: Oben in der Mitte immer ___ weniger.
Unten immer ....

1 a)

	8	+	5	=	1 3
	5	+	8	=	1 3
	1 3	−	5	=	8
	1 3	−	8	=	5

Schreibe wie im Beispiel.

a)

b)

c)

d)

e)

f)

g)

h)

Pluminchen

Drei Zahlen im Kopf,
vier Aufgaben im Bauch:
zwei Plus-Aufgaben,
zwei Minus-Aufgaben

---

2 a) Pluminchen-Familie 11 trifft sich. Alle haben die Zahl 11 im Mund.
  Es sind sechs Pluminchen.

b) Pluminchen-Familie 12 trifft sich. Es sind sieben Pluminchen.

3 Zahlen zerlegen.

a)

```
      13
   3  |  10
   7  |
   5  |
   0  |
```

3 + ___ = 1 3
7 + ___ = 1 3
5 + ___ = 1 3
0 + ___ = 1 3

b)

```
      15
      |  7
   2  |
  11  |
      |
```

___ + 7 = 1 5
2 + ___ = 1 5
1 1 + ___ = 1 5
___ + ___ = 1 5

4

Ich denke
mir eine Zahl.
Ich rechne plus 4.
Ich erhalte 12.

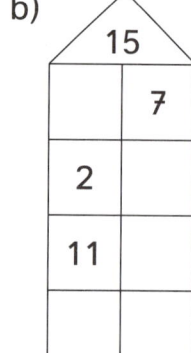

Ich rechne die
Umkehraufgabe.

___ + 4 = 12   12 − 4 = ___

5 a) Erkan hat 5 Sammelfiguren. Zusammen haben Erkan
  und Paul 13 Figuren. Wie viele Figuren hat Paul?

b) Lisa hat 8 Buntstifte. Fatma hat 14.
  Wie viele Buntstifte hat Fatma mehr?

c) Erfinde eine Rechengeschichte zur Aufgabe 7 + ___ = 16.

Ich rechne
9 + 3 = 12

1	2
9	3

12

9 3

1 a)

7	4

b)

9	6

c)

11	7

d)

2	18

2 a)

10

| 3 | 7 | 4 |

b)

| 2 | 5 | 7 |

c)

| 5 | 6 | 2 |

3 a)

| 7 | 1 | 5 |

b)

| 7 | 2 | 5 |

c)

| 7 | 3 | 5 |

d) Von Mauer zu Mauer: Unten in der Mitte immer ___ mehr, oben immer ....

4 a)

13	4
	1	

b)

17	3
	3	

c)

6	13
	4	

5 a)

	19	
14	
10		

b)

	18	
10	
6		

c)

	17	
11	
9		

Kopiervorlage auf DVD Digitale Lehrermaterialien 2 oder als Download
Nach dieser Seite empfiehlt sich Diagnosetest D1.

1

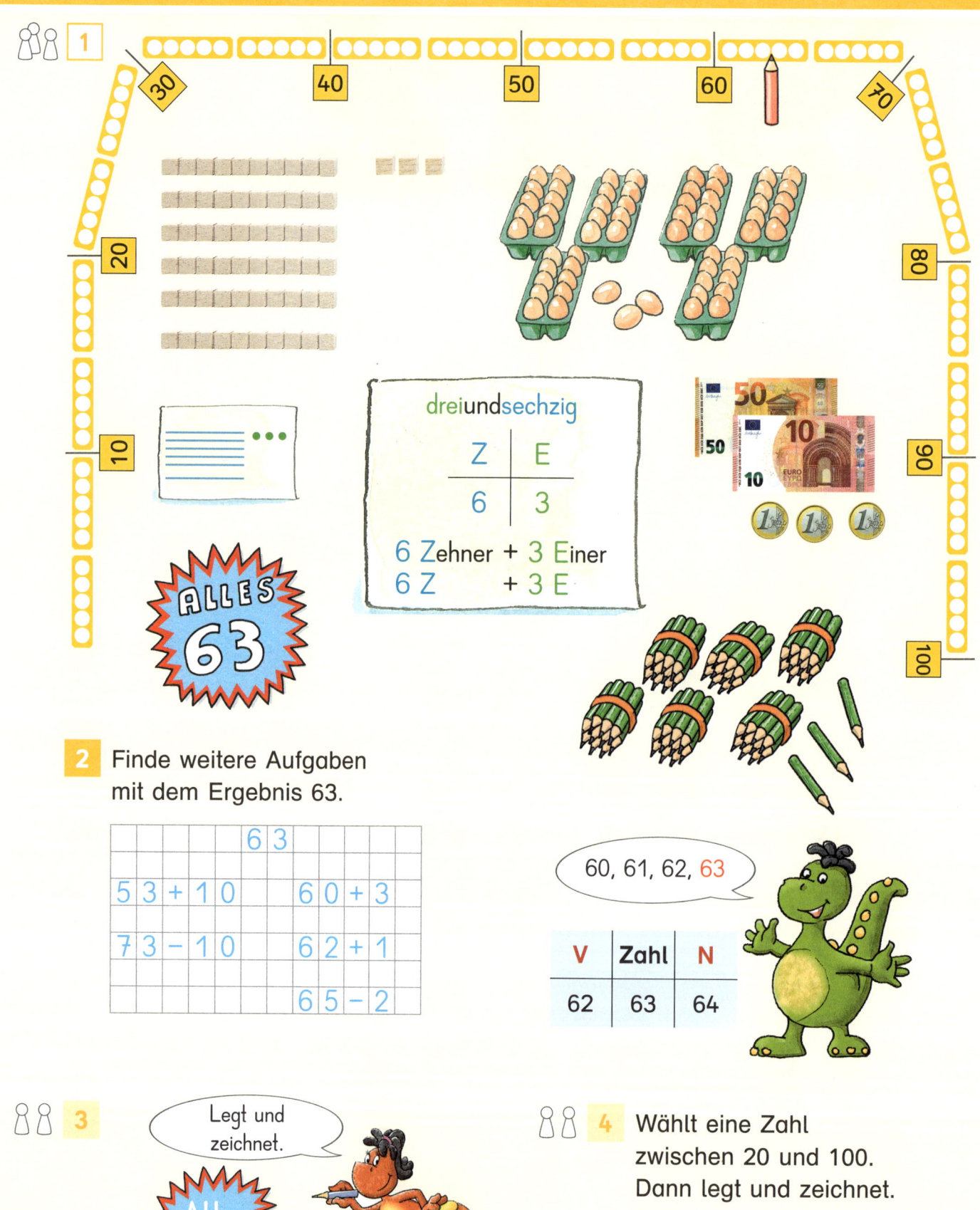

2 Finde weitere Aufgaben mit dem Ergebnis 63.

			6	3
5	3	+ 1	0	
7	3	− 1	0	

6	0	+ 3
6	2	+ 1
6	5	− 2

60, 61, 62, 63

V	Zahl	N
62	63	64

3 Legt und zeichnet.

Alles 36

4 Wählt eine Zahl zwischen 20 und 100. Dann legt und zeichnet.

3 – **4** Kopiervorlage für einen Zahlen-Steckbrief auf DVD Digitale Lehrermaterialien 2 oder als Download

1

Ich schätze, es sind 80.

Ich schätze, es sind 25.

Immer 10.

4 Zehner und 7 Einer.

siebenundvierzig

Z	E
4	7

2 a)

		Z	E		
a)		3	2		
	3 Z	+	2 E	=	
	3 0	+	2	=	

b)

c)

d)

e)

f)

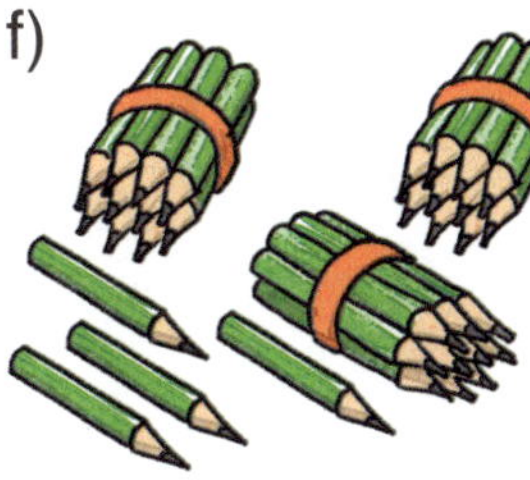

g)

h)

3 Wie viele sind es?

a)

b)

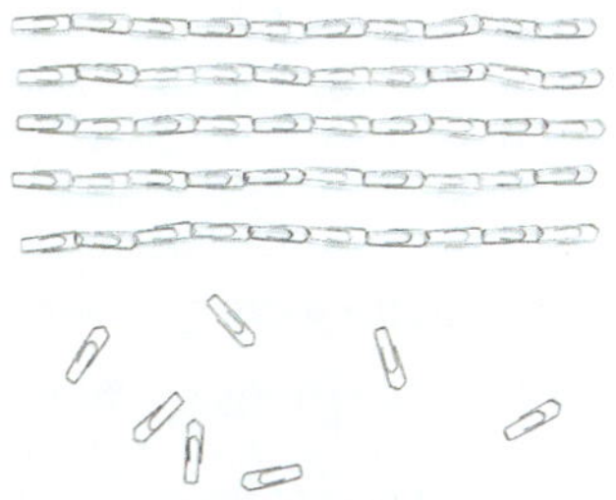

c)

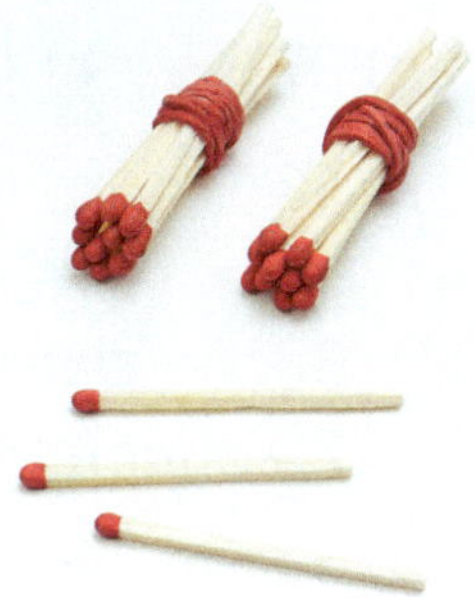

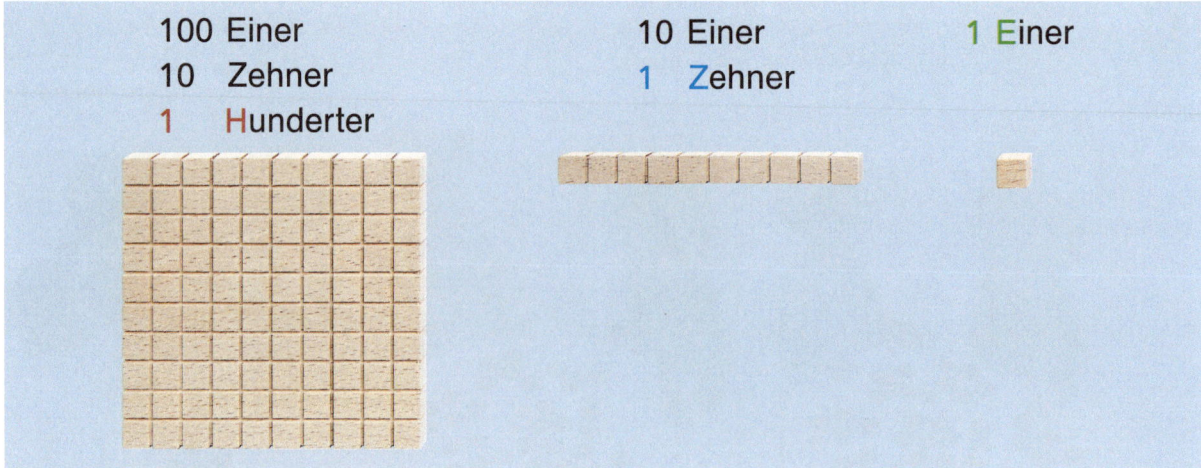

100 Einer	10 Einer	1 Einer
10 Zehner	1 Zehner	
1 Hunderter		

1 Wie heißt die Zahl? Zeichne in Geheimschrift.

a)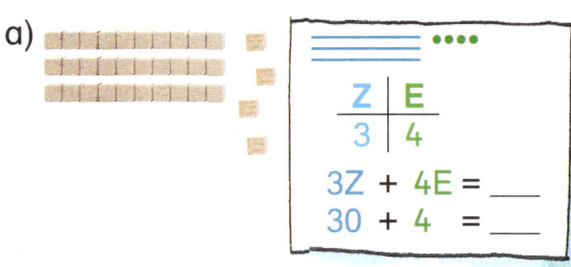

$$\begin{array}{c|c} Z & E \\ \hline 3 & 4 \end{array}$$

$3Z + 4E = \underline{\quad}$

$30 + 4 = \underline{\quad}$

b)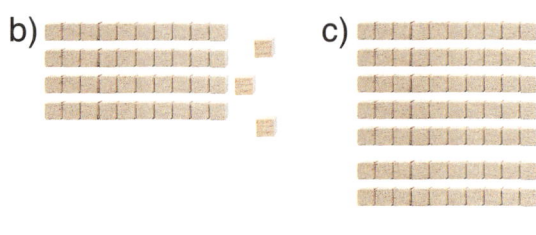

c)

2 Wie heißt die Zahl?

a)    b)    c)    d)

e)   f)   g)   h)

3 Zeichne in Geheimschrift.   a) 27   b) 63   c) 42   d) 24   e) 101

4 Zeichne in Geheimschrift. Schreibe auch die Zahl dazu.

a) dreiundzwanzig   b) achtzig   c) einundvierzig   d) einhundertzwanzig

5 a) Zeichne fünf Zahlen in Geheimschrift.
Dein Partner schreibt die Zahlen dazu.

b) Schreibe fünf Zahlen. Dein Partner zeichnet in Geheimschrift.

6 Zerlege in Zehner und Einer.

a) 37   b) 45   c) 71   d) 62   e) 59

f) 46   g) 64   h) 80   i) 38   j) 83

| a) | 3 7 = 3Z + 7E |
| | 3 7 = 30 + 7 |

7 a) Suche zwei Zahlen, die zusammen
7 Zehnerstriche und 0 Einerpunkte haben.

b) Suche zwei Zahlen, die zusammen
5 Zehnerstriche und 5 Einerpunkte haben.

Wie viele Zahlenpaare findest du?

1

> 4 Zehner
> 5 Einer
> 45

> Ich nehme 1 Zehner weg.
> Wie viele Würfel
> sind es noch?

> 3 Zehner
> 5 Einer
> 35

Wie heißt die Rechnung?

2 Zeichne in Geheimschrift und rechne.

a) 45 − 10
 45 − 20
 45 − 30
 45 − 40

45 − 10 = ___

b) 64 − 10
 64 − 30
 64 − 40
 64 − 60

c) 85 − 20
 85 − 30
 85 − 60
 85 − 70

d) 90 − 10
 90 − 40
 90 − 50
 90 − 80

e) Was fällt dir auf? Die Einer ...

3 a) 24 − 20
 24 − 2

b) 36 − 20
 36 − 2

c) 65 − 20
 65 − 2

d) 44 − 30
 44 − 3

e) 110 − 100
 110 − 10

f) Finde ein weiteres Päckchen.

4 Zeichne in Geheimschrift und rechne.

a) 23 + 10
 23 + 20
 23 + 30
 23 + 40

23 + 10 = ___

b) 40 + 30
 40 + 40
 40 + 50
 40 + 60

c) 33 + 10
 33 + 20
 33 + 50
 33 + 60

d) 55 + 20
 55 + 30
 55 + 40
 55 + 50

e) Was fällt dir auf? Die Einer ...

5 a) 24 + 20
 24 + 2

b) 36 + 20
 36 + 2

c) 65 + 20
 65 + 2

d) 44 + 30
 44 + 3

e) 33 + 70
 33 + 7

f) Finde ein weiteres Päckchen.

6 a) 30 + 23
 30 + 27
 30 + 37
 30 + 47

30 + 23 = ___

b) 50 + 25
 50 + 28
 50 + 38
 50 + 48

c) 20 + 41
 20 + 45
 20 + 55
 20 + 65

d) 10 + 34
 20 + 34
 50 + 34
 70 + 34

Nach dieser Seite empfiehlt sich Diagnosetest D2.

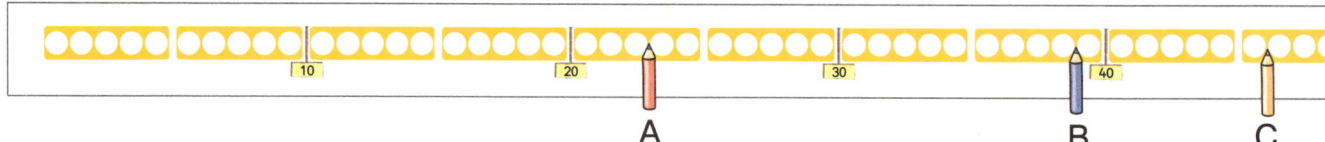

A   B   C

1 a) Zeige eine Zehnerzahl am Rechenstreifen.
   Dein Partner sagt die Zahl. Wechselt euch ab.

   b) Sage eine Zehnerzahl. Dein Partner zeigt sie am Zahlenstrahl.
   Wechselt euch ab.

2 Zählt in Zehnerschritten und zeigt am Rechenstreifen und am Zahlenstrahl.

   a) vorwärts: 10, 20, 30, ..., 100   b) rückwärts: 100, 90, 80, ..., 10

3 Wo liegt der Stift? Wie heißt die Zahl?   4) A = 2 3,   B = ☐☐

4 Zeige eine Zahl mit deinem Stift. Dein Partner nennt die Zahl
   mit Vorgänger und Nachfolger. Wechselt euch ab.

5 Zeige die Zahl. Schreibe den Vorgänger (V) und den Nachfolger (N) auf.

| a) 74 | a) | V | Zahl | N | | b) 81 | c) 84 | d) 99 | e) 100 |
| 48 | | 73 | 74 | 75 | | 66 | 49 | 1 | 102 |

6 Zeige und schreibe als Zahl.

   a) einundachtzig   b) neununddreißig   c) neunzig

   d) achtundfünfzig   e) fünfundachtzig   f) einhundert

7 Zeige die Zahlen und setze dann >, < oder = ein.

   a) 12 ◯ 9   b) 81 ◯ 18   c) 100 ◯ 10
      39 ◯ 13   45 ◯ 54   102 ◯ 101
      63 ◯ 84   38 ◯ 38   15 ◯ 105

8 Ordne der Größe nach.   a) 2 9,   3 5,   5 8
   Beginne mit der kleinsten Zahl.

   a) 58, 29, 35   b) 47, 2, 11   c) 63, 96, 50   d) 30, 18, 36

   e) 23, 21, 43   f) 93, 9, 39   g) 58, 93, 30   h) 98, 89, 102

Ich zeige
die Zahl ...

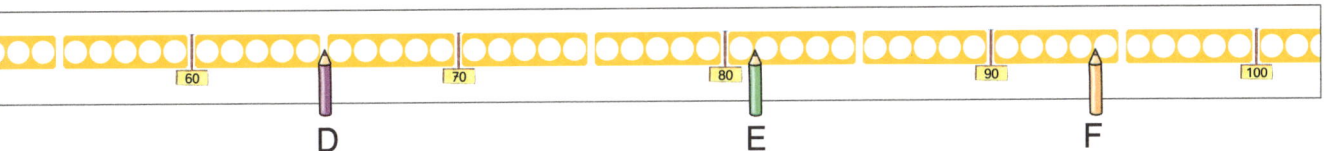

D   E   F

1 Sage eine Zahl. Dein Partner zeigt die Zahl und ...

a) nennt ihre Nachbarzehner,

b) rechnet die Minus-Aufgabe zum kleineren Nachbarzehner,

c) rechnet die Plus-Aufgabe zum größeren Nachbarzehner.

Wechselt euch ab.

2 Zeige die Zahlen. Wie heißen die Nachbarzehner (NZ)?

a) 66

a)	N Z	Zahl	N Z
	6 0	6 6	7 0

73

b) 48
34

c) 59
95

d) 2
30

e) 100
101

3 Rechne zurück zum Zehner.

a) 49

a)	4 9 − 9 = 4 0

67
38

b) 83
26
27

c) 14
71
31

d) 57
75
41

e) 9
109
103

4 Rechne zum nächsten Zehner.

a) 57

a)	5 7 + 3 = 6 0

49
55

b) 82
28
47

c) 56
31
14

d) 44
77
63

e) 60
96
105

5 Rechne vom Zehner zurück.

a) 50 − 3
60 − 3
70 − 3

b) 60 − 3
60 − 2
60 − 4

c) 60 − 7
20 − 5
40 − 7

d) 50 − 7
70 − 5
100 − 5

6 Welche Zahl ist es?

a)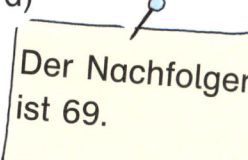
Der Nachfolger ist 69.

b)
Der Vorgänger hat 7 Zehner und 3 Einer.

c)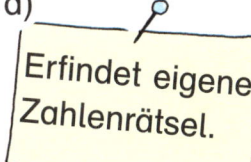
Der Vorgänger ist doppelt so groß wie 40.

d) Erfindet eigene Zahlenrätsel.

Ich zeige die Zahl ...

1 Welche Zahlen werden hier gezeigt? a) A = 5, B = ⬚

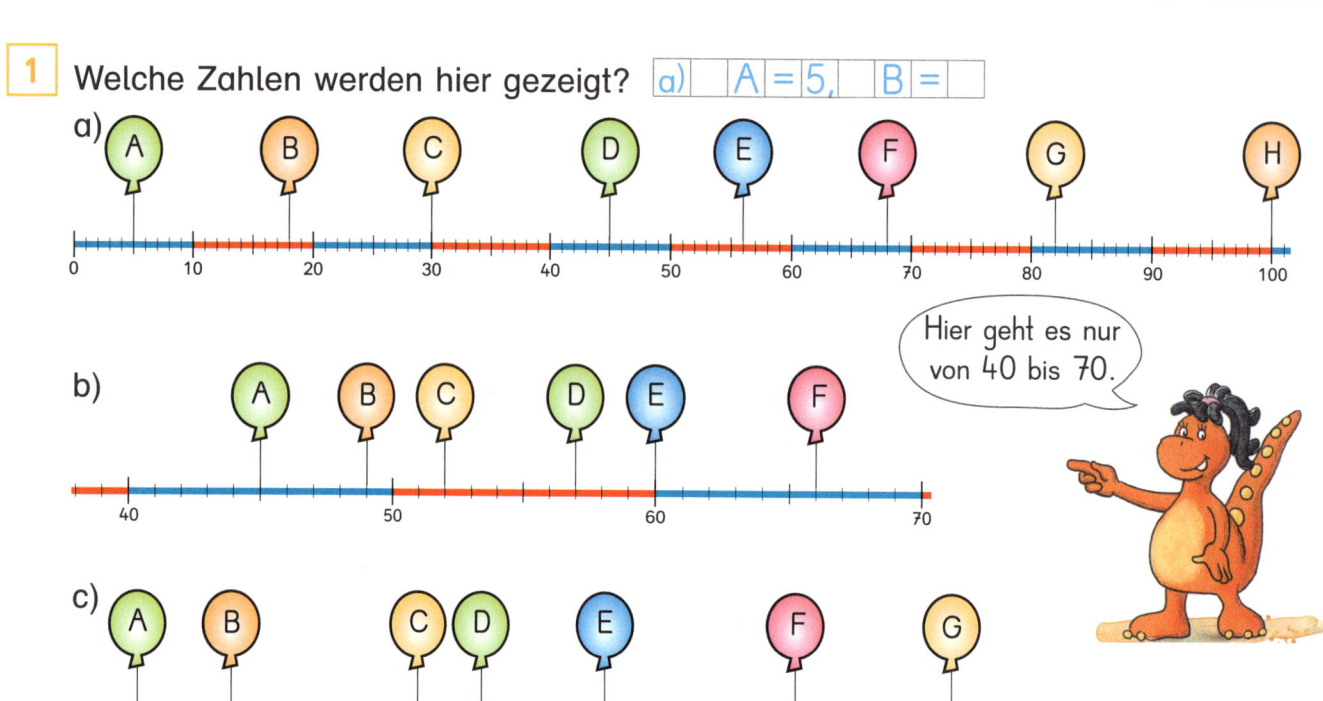

Hier geht es nur von 40 bis 70.

2 Wie geht es weiter? Zeige am Zahlenstrahl und schreibe die Zahlen auf.
Wie viele Sprünge sind es bis zum Ziel?

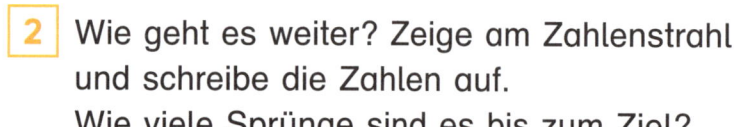

a) 0, 2, 4, 6, 8, ⬚
Es sind ⬚ Sprünge.

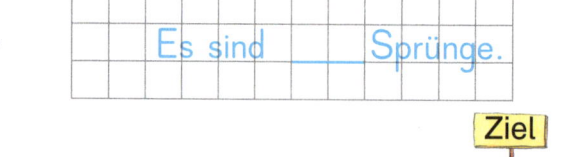

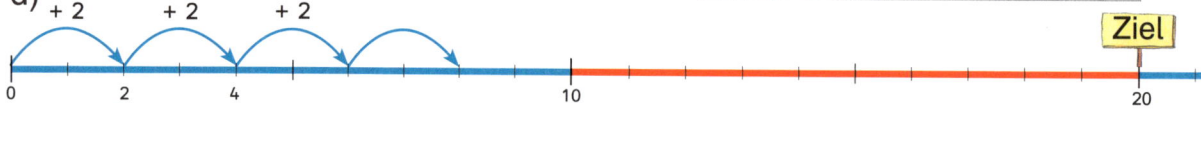

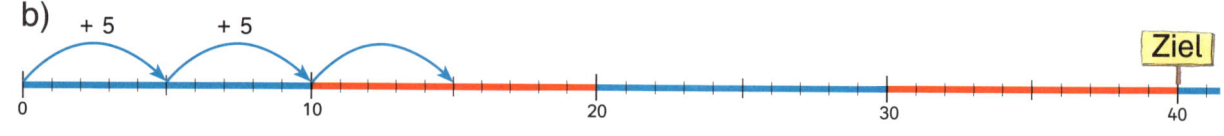

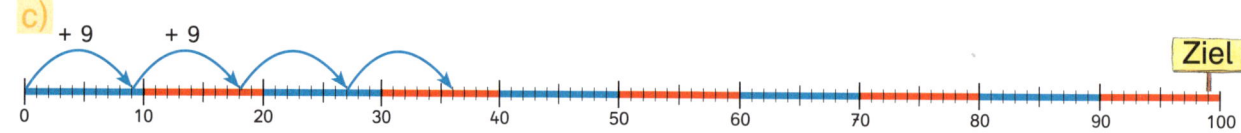

3 Zeige am Zahlenstrahl. Schreibe noch fünf Zahlen dazu.

a) Immer + 4:   60, 64, ...   b) Immer + 6:   30, 36, ...
c) Immer − 5:   70, 65, ...   d) Immer − 4:   44, 40, ...

4 Zeige und setze fort.

a) 10, 11, 12, ..., 20   b) 75, 76, 77, ..., 82   c) 60, 59, 58, ..., 48
d) 48, 50, 52, ..., 66   e) 32, 34, 36, ..., 60   f) 84, 82, 80, ..., 70
g) 15, 25, 35, ..., 65   h) 55, 60, 65, ..., 100   i) 115, 110, ..., 65

5 Wie geht es weiter? Schreibe noch fünf Zahlen dazu.

a) 20, 24, 28, ...   b) 60, 57, 54, ...   c) 8, 16, 24, ...   d) 80, 76, 72, ...

1 Wo gehören die Karten hin? Zeige.

2 Welche Zahl ist in der Mitte? $\boxed{a)}$ $\boxed{A}$ $=$ $\boxed{}$

a)
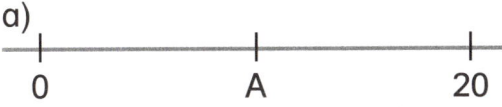

b)
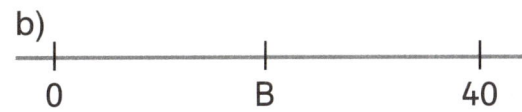

c)
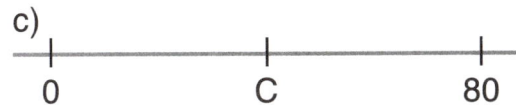

d)
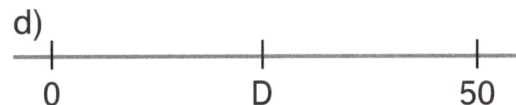

e)
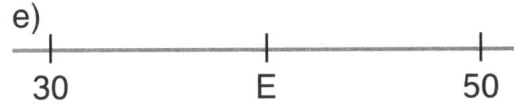

f)
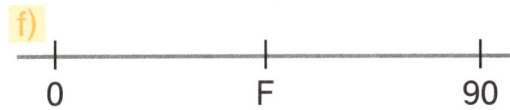

g)
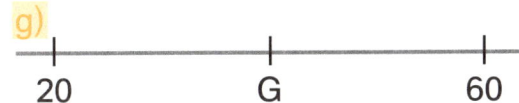

h)
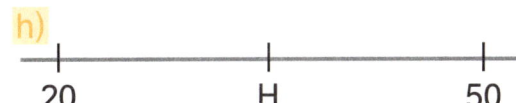

3 Welche Zahlen sind es?

a)
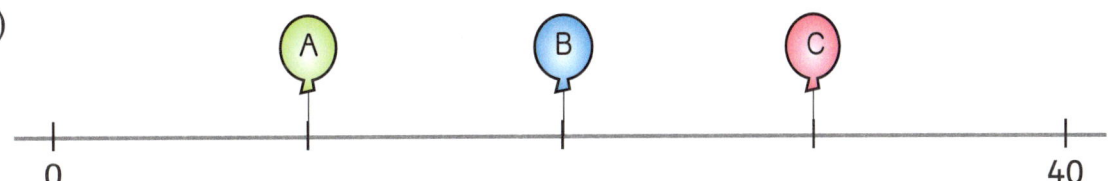

b)
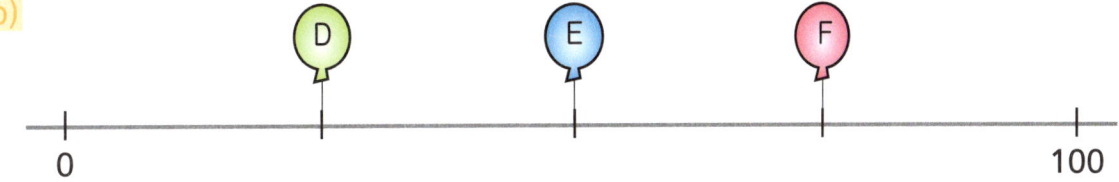

c)
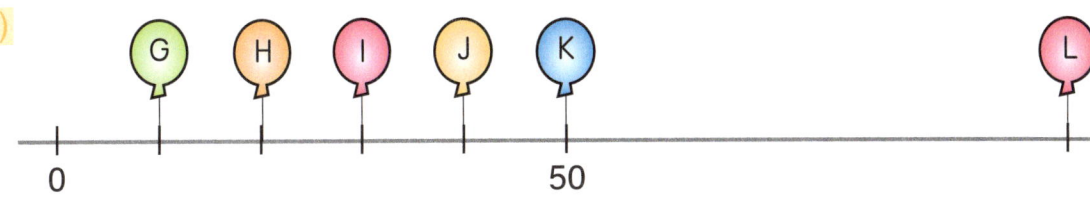

1 a) Welche Zahlen haben sich hinter
den blauen Plättchen versteckt?
Schreibe sie der Größe nach auf.

b) Welche Zahlen stehen in der Zeile,

... die mit 21 beginnt,

... in der die Zahl 56 steht,

... die mit 80 endet?

c) Welche Zahlen stehen in der Spalte,

... die mit 3 beginnt,

... in der die Zahl 56 steht,

... die mit 99 endet?

d) Was fällt dir auf?

Zeige zuerst alle geraden Zahlen,
dann alle ungeraden.

1	2	3	4	●	●	7	8	9	10
11	12	13	●	15	16	●	18	19	20
21	22	●	24	25	26	27	●	29	30
31	●	33	34	35	36	37	38	●	40
●	42	43	44	45	46	47	48	49	●
●	52	53	54	55	56	57	58	59	●
61	●	63	64	65	66	67	68	●	70
71	72	●	74	75	76	77	●	79	80
81	82	83	●	85	86	●	88	89	90
91	92	93	94	●	●	97	98	99	100

➡ Zeile   ⬇ Spalte

2 Richtig oder falsch?

A: In jeder Spalte sind alle Einer gleich.

B: In jeder Zeile sind alle Zehner gleich.

C: In jeder Spalte von oben nach unten immer 10 mehr.

D: In einer Zeile von links nach rechts immer 1 mehr.

3 Übertrage in dein Heft und fülle aus.

a)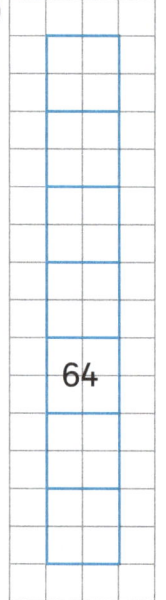

b)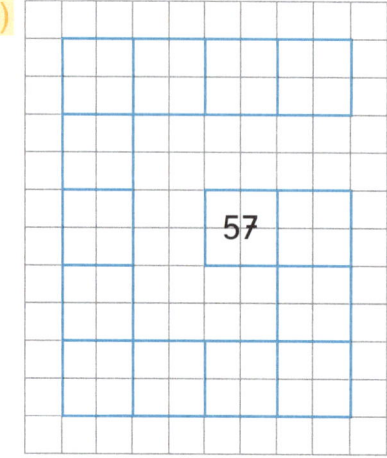

c)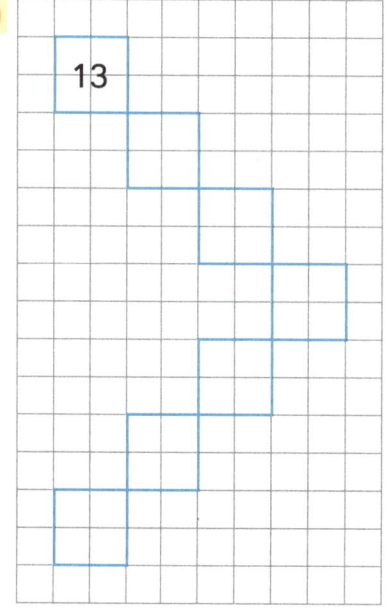

4 a) Wie oft kommt die Ziffer 1 in der Hundertertafel vor?

b) Wie viele Zahlen gibt es in der Hundertertafel,
in denen Zehner und Einer gleich sind?

5 Erfinde eigene Aufgaben zur Hundertertafel.

1 a)    b)    c)

___ Z + ___ E =

_____ + _____ =

2 Wie heißt die Zahl?

a)    b)

3 Zeichne in Geheimschrift.

a)   65   b)   23

4 a) 56 + 10   b) 30 + 34

66 + 20   20 + 45

27 + 30   60 + 27

5 a) 55 − 10   b) 74 − 40

63 − 20   74 − 30

85 − 30   74 − 3

6 Vorgänger und Nachfolger.

a)

V	Zahl	N
	13	
	25	
	37	

b)

V	Zahl	N
	49	
	90	
	60	

7 Zurück und vor zum Nachbarzehner.

a) 68 − _8_ = _60_   b) 34 + _6_ = _40_

73 −   26 +

15 −   51 +

8 Setze fort.

a) 75, 76, ___, ___, ___, ___

b) 41, 40, ___, ___, ___, ___

c) 80, 84, ___, ___, ___, ___

d) 39, 36, ___, ___, ___, ___

9 >, < oder = ? Setze ein.

a) 97 ◯ 76   b) 21 ◯ 12

54 ◯ 45   99 ◯ 96

33 ◯ 33   69 ◯ 70

41 ◯ 17   28 ◯ 31

Kopiervorlage auf DVD Digitale Lehrermaterialien 2 oder als Download
Nach dieser Seite empfiehlt sich Diagnosetest D3.

21

Orientierung im Raum

1 Was sieht Ben rechts (r), was sieht er links (l)?

a)  b)  c)  d)

a)	r
b)	

2 Was sieht Laura rechts (r), was sieht sie links (l)?

a)  b)  c)  d)  e)

3 Was sieht Herr Wüst rechts (r), was sieht er links (l)?

a)  b)  c)  d) 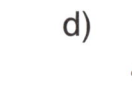 e)

4 Was sieht Frau Boll rechts (r), was sieht sie links (l)?

a) 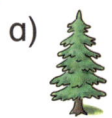 b)  c)  d)  e)

Jan

1 Auf dem Spielfeld stehen rote, schwarze, gelbe und grüne Figuren.
Welche Figuren sieht Jan?

a) vorne rechts

b) vorne links

c) hinten links

d) hinten rechts

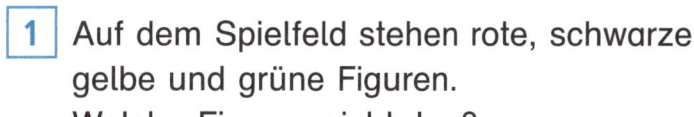
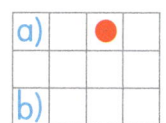

Mona

Tim

2 Welche Figuren sieht Tim?

a) hinten links   b) hinten rechts

c) vorne links   d) vorne rechts

3 Welche Figuren sieht Mona?

a) vorne rechts   b) vorne links

c) hinten rechts   d) hinten links

Nico

Anna

Max

4 Welche Figuren sieht Max?

a) hinten rechts   b) vorne rechts

5 Welche Figuren sieht Nico?

a) hinten rechts   b) vorne rechts

6 Welche Figuren sieht Anna?

a) hinten rechts   b) vorne rechts

Luna

Hassan

Imke

7 Welche Figuren sieht Imke?

a) vorne links   b) hinten rechts

8 Welche Figuren sieht Luna?

a) vorne links   b) hinten rechts

9 Welche Figuren sieht Hassan?

a) vorne links   b) hinten rechts

1 Nimm einen Spielwürfel.
Wie viele Punkte sind es vorne, wie viele hinten?

a)    b) 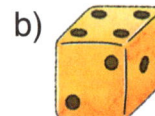   c) 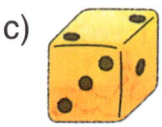   d)

a)	vorne	1
	hinten	

e) Vorne und hinten zusammen immer ___.

2 Wie viele Punkte sind es rechts, wie viele links?

a)    b)    c)    d)

a)	rechts	4
	links	

e) Rechts und links zusammen immer ___.

3 Oben und rundherum. Wie viele Punkte sind es zusammen?

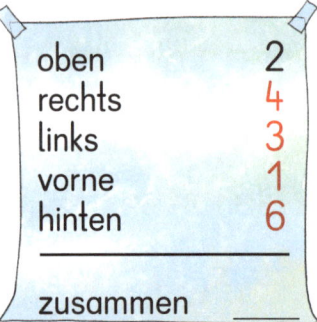

oben	2
rechts	4
links	3
vorne	1
hinten	6
zusammen	

Rundherum 14.

4 Oben und rundherum. Wie viele Punkte sind es zusammen?

a)    b)    c)    d)

a)	oben			6
	rundherum			
	zusammen			

5  Auf welcher Seite sind so viele Punkte?
Rechts, links oder hinten?

a) 4 Punkte   b) 5 Punkte   c) 3 Punkte

6  Auf welcher Seite sind so viele Punkte?
Rechts, links oder hinten?

a) 1 Punkt   b) 2 Punkte   c) 5 Punkte

7 Mateo sagt: „Jeder Spielwürfel hat 21 Punkte." Stimmt das? Begründe.

1 Zeichne in dein Heft. Beginne am blauen Punkt.

Kästchen zählen hilft!

3 nach rechts
1 nach unten
2 nach links
1 nach …

2 Welchen Buchstaben zeichnen die Kinder? Ordne zu. Wie geht es weiter?

1 nach rechts
5 nach unten
1 nach links
5 nach oben

1 nach rechts
4 nach unten
2 nach rechts
1 nach unten
3 nach …

3 nach rechts
1 nach unten
1 nach links
4 nach unten
1 nach …

3 nach rechts
1 nach unten
2 nach links
3 nach unten
2 nach …

Nico   Melek   Viktor   Carla

3 L, T, I oder C? Wähle einen Buchstaben. Zeichne.

4 Wähle einen Buchstaben. Sage deinem Partner, wie er zeichnen soll. Vergleicht.

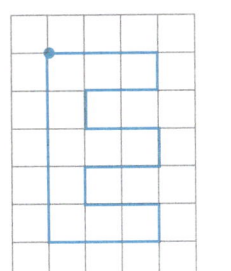 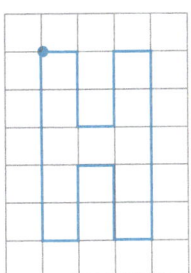 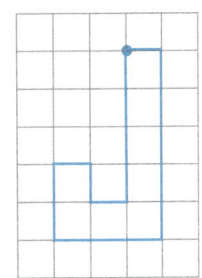 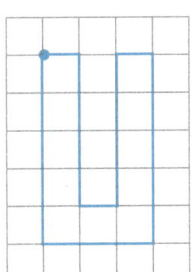

5 Kannst du aus den Buchstaben dieser Seite Wörter bilden? Zeichne.

Addieren und Subtrahieren

1 Leichte Aufgaben und schwere Aufgaben .
Kannst du auch die schweren Aufgaben rechnen?

14 − 1
20 + 4
67 + 9
38 − 9
93 + 7
12 + 10
25 − 10
6 + 73
70 − 12
70 + 20
80 − 30
47 + 2
7 + 9
53 + 8
25 + 42
47 − 15
57 + 28
62 − 4
23 − 13
64 − 38
11 − 5
45 − 3
5 − 3
40 + 23

Leichte Aufgaben	Schwere Aufgaben
20 + 4 = 24	67 + 9
14 − 1 = 13	38 − 9

2 a) Schreibe fünf leichte und fünf schwere Plus-Aufgaben.
Das Ergebnis soll unter 100 sein.

b) Schreibe fünf leichte und fünf schwere Minus-Aufgaben.
Das Ergebnis soll unter 100 sein.

Kannst du auch die schweren Aufgaben rechnen?

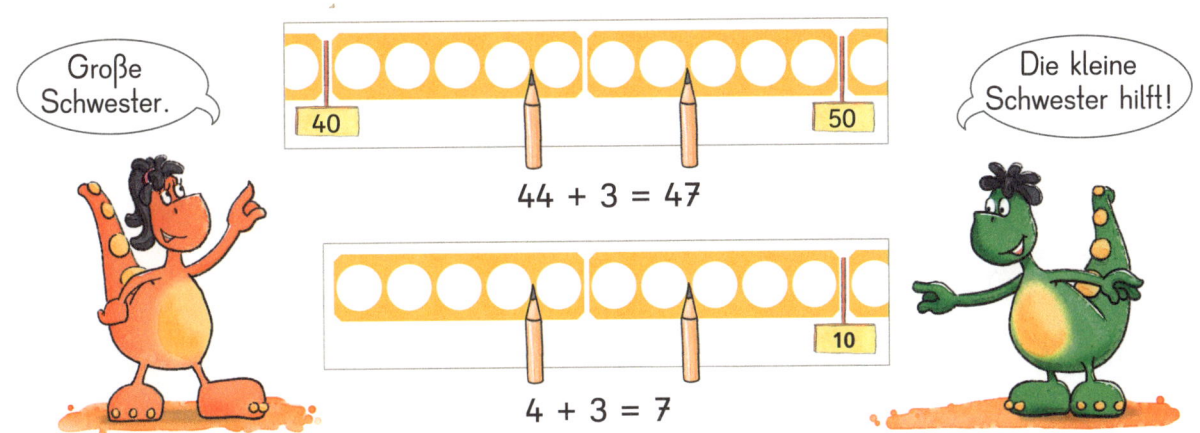

Große Schwester.

Die kleine Schwester hilft!

44 + 3 = 47

4 + 3 = 7

1 Die kleine Schwester hilft.

a) 47 + 2
   35 + 3
   64 + 4

a)	4	7	+ 2	=	
			7 + 2	=	9

b) 57 + 2
   81 + 7
   92 + 6

c) 73 + 5
   21 + 8
   52 + 6

d) 84 + 4
   43 + 5
   36 + 3

2 Verschiedene Aufgaben zur kleinen Schwester.

a) 5 + 3
   15 + 3
   45 + 3
   85 + 3

b) 3 + 2
   23 + 2
   53 + 2
   73 + 2

c) 4 + 5
   34 + 5
   74 + 5
   84 + 5

d) 3 + 4
   53 + 4
   63 + 4
   83 + 4

e) 1 + 7
   31 + 7
   51 + 7
   91 + 7

3 Vergleiche in Aufgabe 2 in jedem Päckchen die Ergebnisse.
Achte auf die Einer. Die Einer ....

4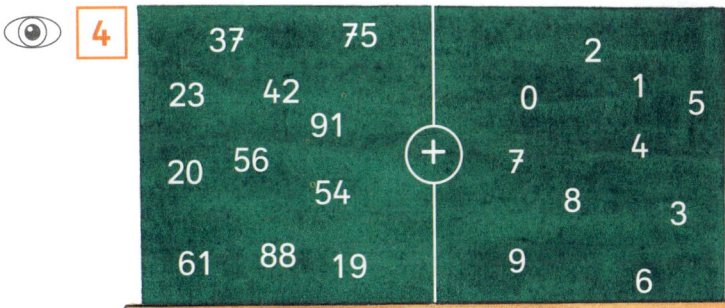

a) Bilde Plus-Aufgaben bis zur nächsten Zehnerzahl.

3 7 + 3 = 4 0

b) Bilde Plus-Aufgaben, die du schon rechnen kannst.

5 a)

a)	0	+ 5	= 5
	1	+ 4	=
	2	+ 3	=
	3	+ 2	=
	4	+ 1	=
	5	+ 0	=

b)

c)

d)

e)

f)

g)

1

2 Rechne wie Sofie.

a) 34 + 7
   55 + 7
   46 + 7

b) 56 + 5
   67 + 5
   78 + 5

c) 48 + 4
   79 + 6
   87 + 8

a) 34 + 7   +6   +1
   34   40   41

3 Rechne wie Kai.

a) 45 + 8
   56 + 9
   34 + 9

b) 18 + 9
   67 + 8
   29 + 9

c) 57 + 8
   73 + 9
   46 + 9

a) 45 + 8   +10
     −2
   45   53   55

4

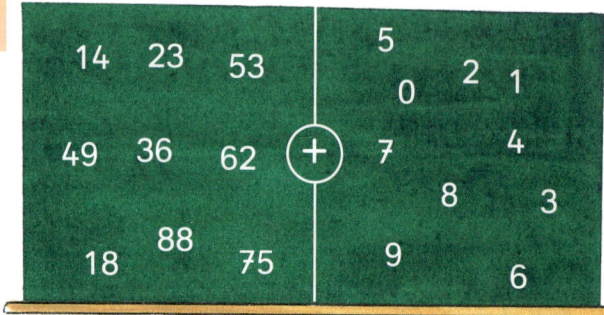

14   23   53
49   36   62   (+)
18   88   75

5
0   2   1
7   4
8   3
9   6

a) Bilde Plus-Aufgaben,
   die du wie Sofie rechnest.
b) Bilde Plus-Aufgaben,
   die du wie Kai rechnest.
c) Bilde Plus-Aufgaben und
   rechne auf deinem Weg.

5 Rechne zuerst. Dann kontrolliere selbst.

a) 56 + 7
   58 + 4
   57 + 8

b) 37 + 5
   39 + 8
   36 + 7

c) 28 + 6
   78 + 4
   48 + 5

34   42   43   47   53   62   63   65   82   84

Nutze die blauen Lösungszahlen.
Eine Geisterzahl bleibt übrig.

6 Denke an die Tauschaufgabe.

a) 2 + 73
   4 + 62
   5 + 83

b) 5 + 66
   4 + 57
   8 + 32

c) 9 + 64
   8 + 47
   3 + 38

40   41   55   61   66   71   73   75   82   88

1 Timo spielt mit seinem Freund Tom Tischtennis.
Sie brauchen dafür einen a) .... und zwei b) ....

a) $32 + 20$ b) $51 + 2$
    $18 + 30$ $31 + 3$
    $14 + 50$ $23 + 5$
    $30 + 34$ $62 + 2$
                     $73 + 3$
                     $3 + 21$
                     $3 + 30$
                     $2 + 41$

2 Sie spielen einen a) .... bis b) .... Punkte.

a) $47 + 6$ b) $29 + 4$
    $39 + 9$ $55 + 9$
    $22 + 8$ $67 + 4$
    $39 + 5$

3 Dann kommt Maike.
Nun können sie .... spielen.

$8 + 35$
$7 + 67$
$3 + 58$
$5 + 36$
$6 + 58$
$7 + 41$
$5 + 69$
$4 + 67$

4 Es wird dunkel. Daher wollen sie es mit dem Ball
von Timo versuchen. Er ist ....

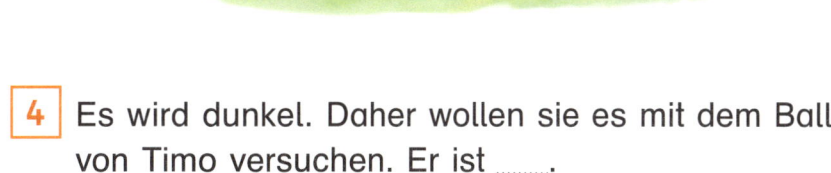

$50 + 30 + 8$
$21 + 20 + 2$
$35 + 10 + 3$
$50 + 10 + 1$
$12 + 10 + 2$
$20 + 11 + 2$

24	28	30	33	34	41	43	44	48	52	53	61	64	71	74	76	88
G	H	T	E	C	D	R	Z	A	B	S	N	L	F	U	Ä	O

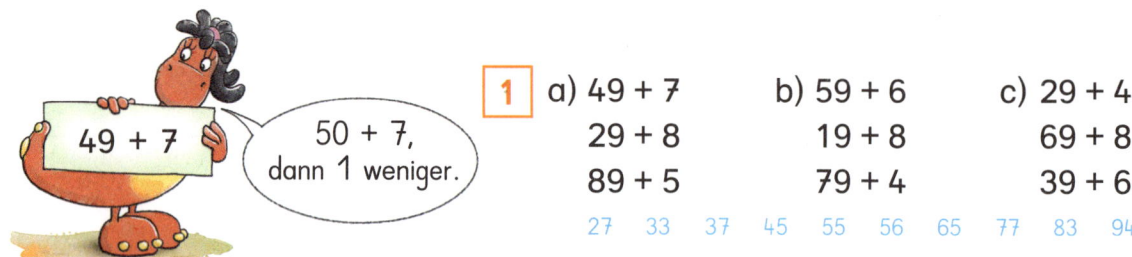

1
a) 49 + 7   b) 59 + 6   c) 29 + 4
29 + 8   19 + 8   69 + 8
89 + 5   79 + 4   39 + 6

27   33   37   45   55   56   65   77   83   94

2 Bilde Aufgaben, die zu Zahlines Rechenweg passen.

3
a) 63 + 7 + 4   b) 52 + 8 + 4   c) 53 + 4 + 6   d) 44 + 7 − 7   e) 89 + 1 − 9
54 + 6 + 5   67 + 3 + 6   27 + 5 + 5   83 + 7 − 6   74 + 6 − 4
41 + 9 + 3   25 + 5 + 8   38 + 8 + 2   68 + 8 − 8   27 + 3 − 5

25   37   38   44   48   53   63   64   65   68   71   74   76   76   81   84

4
a)
24 + 5
24 + 6
24 + 7

b)
25 + 3
26 + 3
27 + 3

c)
36 + 7
46 + 7
56 + 7

d)
78 + 4
78 + 5
78 + 6

e)
47 + 5
57 + 5
67 + 5

5 Schau dir jedes Päckchen in Aufgabe 4 an. Zu welcher Regel passt es?

A: Erste Zahl immer gleich, zweite Zahl immer 1 mehr, Ergebnis immer 1 mehr.

B: Erste Zahl immer 1 mehr, zweite Zahl immer gleich, Ergebnis immer ....

C: Erste Zahl immer 10 mehr, zweite Zahl immer gleich, Ergebnis immer ....

6 Findest du zu jeder Regel in Aufgabe 5 ein eigenes Päckchen?

7 Finde den Fehler in den Entdecker-Päckchen, rechne richtig.
Schreibe immer zwei passende Aufgaben dazu.

a)
37 + 5 = 42
47 + 5 = 43
57 + 5 = 62

b)
47 + 5 = 52
47 + 6 = 53
47 + 7 = 45

c)
68 + 4 = 72
69 + 3 = 72
70 + 2 = 73

8 Setze fort. Schreibe fünf weitere Zahlen auf.

a) 33, 37, 41, ...   b) 17, 23, 29, ...

c) 27, 29, 31, ...   d) 44, 49, 54, ...

e) 40, 36, 32, ...   f) 27, 24, 21, ...

g) Erfinde eigene Zahlenfolgen.

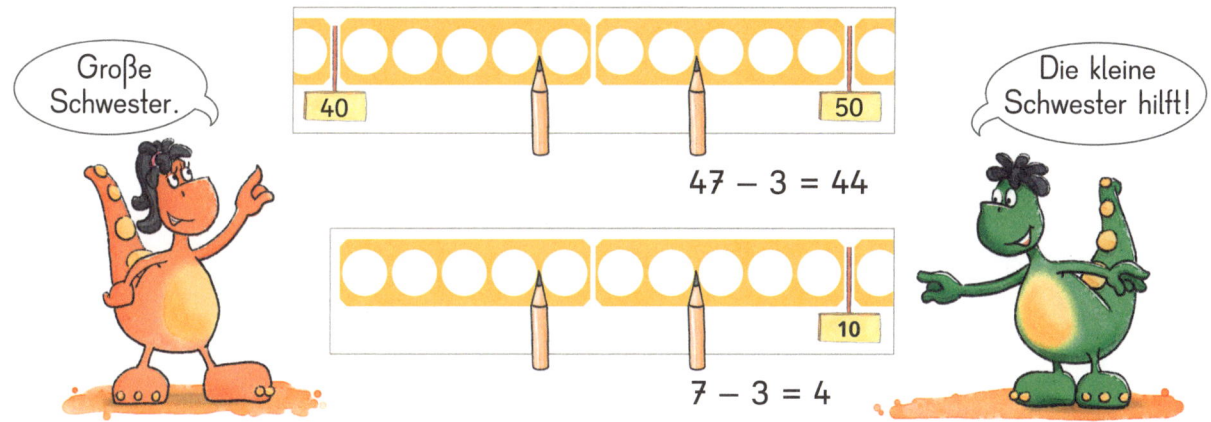

Große Schwester.

Die kleine Schwester hilft!

$47 - 3 = 44$

$7 - 3 = 4$

1 Die kleine Schwester hilft.

a) $47 - 2$ a) $\boxed{4\,7 - 2 = }$ b) $57 - 2$ c) $34 - 3$ d) $65 - 4$
$35 - 3$ $85 - 4$ $59 - 7$ $46 - 3$
$66 - 4$ $\boxed{7 - 2 = 5}$ $77 - 6$ $28 - 5$ $88 - 7$

2 Verschiedene Aufgaben zur kleinen Schwester.

a) $7 - 3$ b) $8 - 2$ c) $9 - 4$ d) $6 - 5$ e) $8 - 6$
$17 - 3$ $18 - 2$ $19 - 4$ $26 - 5$ $68 - 6$
$47 - 3$ $58 - 2$ $49 - 4$ $66 - 5$ $88 - 6$
$87 - 3$ $78 - 2$ $69 - 4$ $96 - 5$ $98 - 6$

3 Vergleiche in Aufgabe 2 in jedem Päckchen die Ergebnisse.
Achte auf die Einer. Die Einer ....

4 a) $65 - \_\_\_ = 60$ b) $94 - \_\_\_ = 90$ c) $26 - \_\_\_ = 20$ d) $79 - \_\_\_ = \_\_\_$
$63 - \_\_\_ = 60$ $97 - \_\_\_ = 90$ $22 - \_\_\_ = 20$ $57 - \_\_\_ = \_\_\_$
$68 - \_\_\_ = 60$ $91 - \_\_\_ = 90$ $25 - \_\_\_ = 20$ $43 - \_\_\_ = \_\_\_$

5

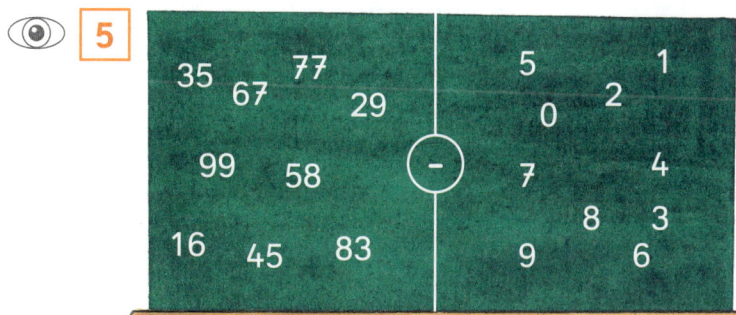

35   67   77   29   5   1   2   0
99   58   (–)   7   4
16   45   83   8   3   9   6

a) Bilde Minus-Aufgaben zurück zur Zehnerzahl.
$\boxed{6\,7 - 7 = 6\,0}$

b) Bilde Minus-Aufgaben, die du schon rechnen kannst.

6 Zurück von der Zehnerzahl.

a) $10 - 3$ b) $10 - 7$ c) $10 - 4$ d) $10 - 8$ e) $10 - 5$
$50 - 3$ $40 - 7$ $20 - 4$ $60 - 8$ $50 - 5$
$30 - 3$ $90 - 7$ $70 - 4$ $30 - 8$ $100 - 5$

f) Finde ein eigenes Päckchen.

1

52 – 9

Lisa

Jan

Zeynep

Ich nehme den Rechenstreifen.

2 Rechne wie Lisa.

a) 35 – 7   b) 56 – 8   c) 23 – 5
   32 – 6   43 – 6   71 – 7
   34 – 8   65 – 7   86 – 9

18   26   26   28   34   37   48   58   64   77

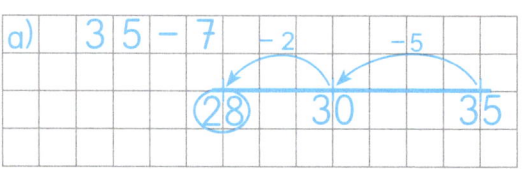

3 Rechne wie Jan.

a) 26 – 8   b) 65 – 9   c) 87 – 9
   44 – 9   33 – 9   71 – 8
   32 – 9   52 – 9   76 – 8

18   23   24   34   35   43   56   63   68   78

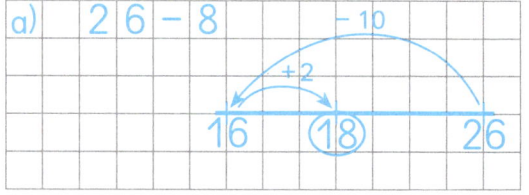

4

52   62   19   76   20   31   85   92   44

5   0   2   1   7   4   8   3   9   6   –

a) Bilde Minus-Aufgaben, die du wie Lisa rechnest.
b) Bilde Minus-Aufgaben, die du wie Jan rechnest.
c) Bilde Minus-Aufgaben und rechne auf deinem Weg.

5 a) 23 – 7   b) 35 – 8   c) 44 – 8   d) 22 – 8   e) 33 – 5
      52 – 6   61 – 4   53 – 6   47 – 9   64 – 6

14   16   27   28   36   38   46   47   48   57   58

6

a) 31 10 9
   21

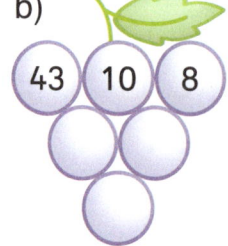

b) 43 10 8

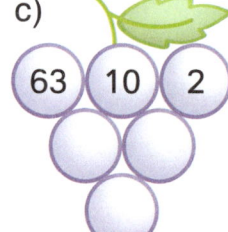

c) 63 10 2

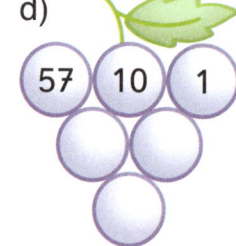

d) 57 10 1

6 Kopiervorlage Minus-Trauben auf digitalen Lehrermaterialien (DVD) oder als Download.

1 Tina beobachtet zwei Pferde. Eins steht im a) .... und eins auf der b) ....

a)	b)
49 – 4	35 – 6
69 – 3	60 – 3
87 – 4	71 – 9
35 – 3	81 – 9
39 – 7	65 – 8

2 Dann kommt Samira mit ihrem Pferd. Sie reitet zuerst im a) .... und dann im b) ....

a)	b)
70 – 4	66 + 8
28 + 6	90 – 7
76 + 7	25 + 7
63 – 8	84 + 6
	42 – 5
	32 + 5

3 Auf dem Reitplatz a) .... Lea über ein b) ....

a)	b)
90 – 40 – 5	95 – 50 – 4
80 – 40 – 3	98 – 30 – 6
60 – 20 – 6	92 – 20 – 4
90 – 20 – 8	97 – 20 – 5
100 – 30 – 2	83 – 20 – 6
100 – 20 – 6	81 – 40 – 7
100 – 30 – 4	94 – 20 – 6
	86 – 20 – 4
	91 – 40 – 6

29	32	34	37	41	45	51	55	57	62	66	68	72	74	78	83	90
W	L	R	P	H	S	R	B	E	I	T	N	D	G	E	A	O

33

1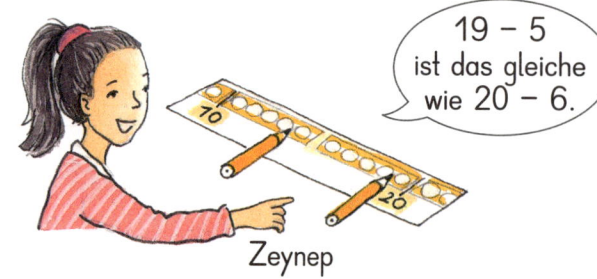

Zeynep

19 – 5 ist das gleiche wie 20 – 6.

a) Stimmt das, was Zeynep sagt?
Begründe.

b) Finde selbst Aufgaben, die zu Zeyneps Rechenweg passen.

2 a) 97 – 6 + 6   b) 44 – 5 + 6   c) 36 + 7 – 6   d) 70 + 8 – 20   e) 6 + 43 – 6
     73 – 7 + 7   52 – 4 + 8   77 + 5 – 7   50 + 9 – 50   9 + 88 – 9
     86 – 8 + 8   35 – 7 + 6   28 + 6 – 8   90 + 7 – 80   8 + 99 – 8
      9   17   26   27   34   37   43   45   56   58   73   75   86   88   97   99

3 a) 7 – 2   b) 15 – 6   c) 18 – 8   d) 16 – 9   e) 11 – 2
    17 – 2   35 – 6   68 – 8   46 – 9   61 – 2
    37 – 2   45 – 6   88 – 8   76 – 9   81 – 2

   f) Finde ein eigenes Päckchen.

4 a) 74 – 3   b) 54 – 5   c) 81 – 3   d) 32 – 7   e) 26 – 3
    74 – 4   55 – 5   82 – 3   32 – 8   27 – 4
    74 – 5   56 – 5   83 – 3   32 – 9   28 – 5

5 Schau dir jedes Päckchen in Aufgabe 4 an. Zu welcher Regel passt es?

A: Erste Zahl immer 1 mehr, zweite Zahl immer gleich, Ergebnis immer 1 mehr.

B: Erste Zahl immer gleich, zweite Zahl immer 1 mehr, Ergebnis immer ....

C: Erste Zahl immer 1 mehr, zweite Zahl immer 1 mehr, Ergebnis immer ....

6 Findest du zu jeder Regel in Aufgabe 5 ein eigenes Päckchen?

7 Finde den Fehler in den Entdecker-Päckchen, rechne richtig.
Schreibe immer zwei passende Aufgaben dazu.

a)
83 – 5 = 77
84 – 5 = 79
85 – 5 = 80

b)
43 – 7 = 36
43 – 6 = 35
43 – 5 = 38

c)
43 – 5 = 38
44 – 6 = 39
45 – 7 = 38

8 Setze fort. Schreibe fünf weitere Zahlen dazu.

a) 38, 35, 32, …   b) 87, 82, 77, …

c) 45, 40, 35, …   d) 73, 69, 65, …

e) Erfinde eigene Zahlenfolgen.

1

   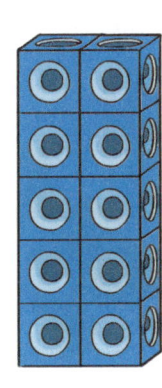 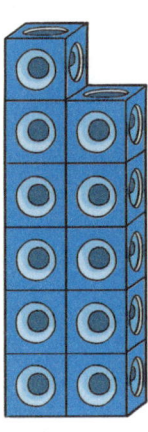

a) Aus wie vielen Würfeln bestehen die Türme?

b) Welche der Zahlen sind gerade? Welche ungerade?

c) Schau dir die Türme an. Was fällt dir auf? Baue selbst solche Türme mit geraden und ungeraden Anzahlen von Würfeln.

2

1   2   3   4   20
37   45   52   10   63
5   30

a) Welche der Zahlen sind gerade, welche ungerade?

b) Addiere immer zwei Zahlen, schreibe die Rechnung auf. Ist das Ergebnis eine gerade oder eine ungerade Zahl?

c) Wann ist das Ergebnis einer Plus-Aufgabe gerade? Wann ist es ungerade?

d) Gilt deine Regel auch für Minus-Aufaben? Überprüfe.

3 Rechne nur die Aufgaben, deren Ergebnisse gerade sind.

a) 37 + 5   b) 13 + 13   c) 45 + 0   d) 18 − 4

e) 42 + 9   f) 14 + 14   g) 45 + 10   h) 37 − 5

i) 70 + 3   j) 15 + 15   k) 45 + 20   l) 40 − 9

4 a) Erfinde Plus-Aufgaben und Minus-Aufgaben mit geradem Ergebnis.

b) Erfinde Plus-Aufgaben und Minus-Aufgaben mit ungeradem Ergebnis.

1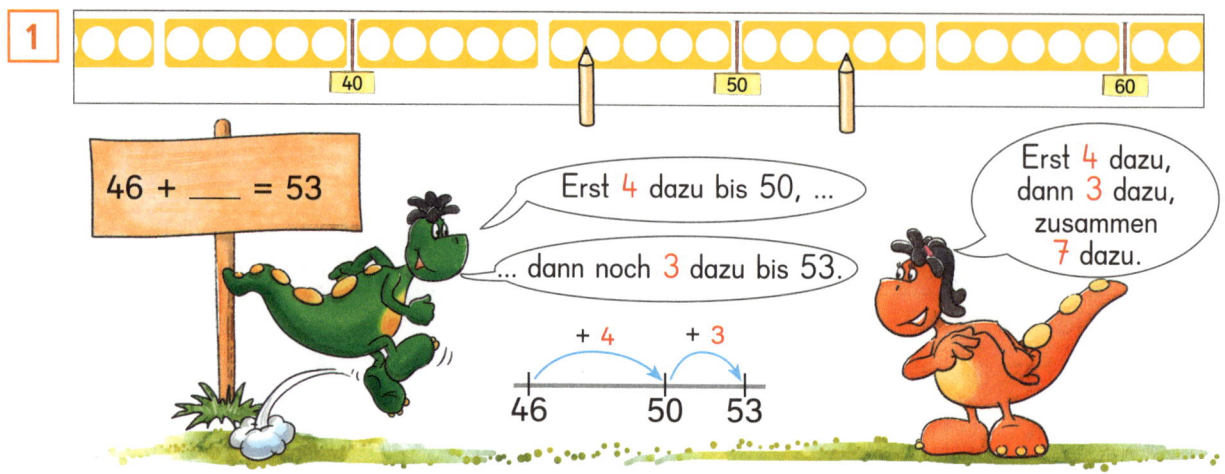

46 + ___ = 53

Erst 4 dazu bis 50, ...

... dann noch 3 dazu bis 53.

Erst 4 dazu, dann 3 dazu, zusammen 7 dazu.

2 Zeige mit deinen Stiften und zeichne den Rechenstrich dazu.

a) 47 + ___ = 52 b) 44 + ___ = 53 c) 48 + ___ = 55 d) 45 + ___ = 51

3 a) 68 + ___ = 73 b) 65 + ___ = 73 c) 67 + ___ = 74 d) 64 + ___ = 73

68 + ___ = 74   65 + ___ = 75   67 + ___ = 76   64 + ___ = 71

4 a) 16 + ___ = 23 b) 76 + ___ = 84 c) 34 + ___ = 42 d) 45 + ___ = 54

56 + ___ = 61   25 + ___ = 34   59 + ___ = 65   78 + ___ = 86

66 + ___ = 74   58 + ___ = 64   44 + ___ = 53   88 + ___ = 92

86 + ___ = 94   47 + ___ = 54   87 + ___ = 91   39 + ___ = 47

5 a) 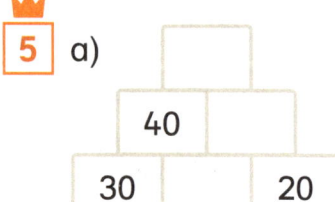   b) 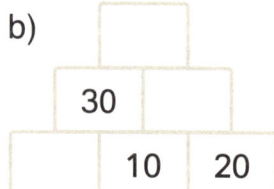   c)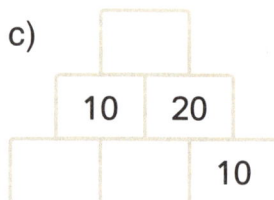

6 a) 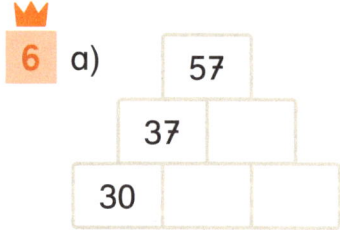   b) 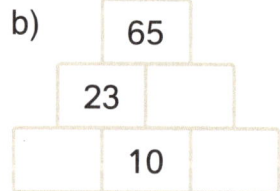   c)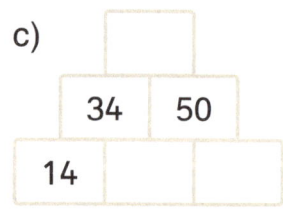

7 a) 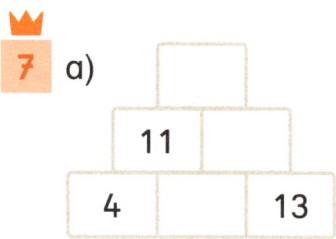   b) 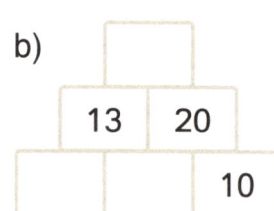   c)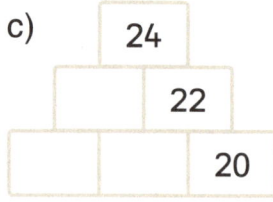

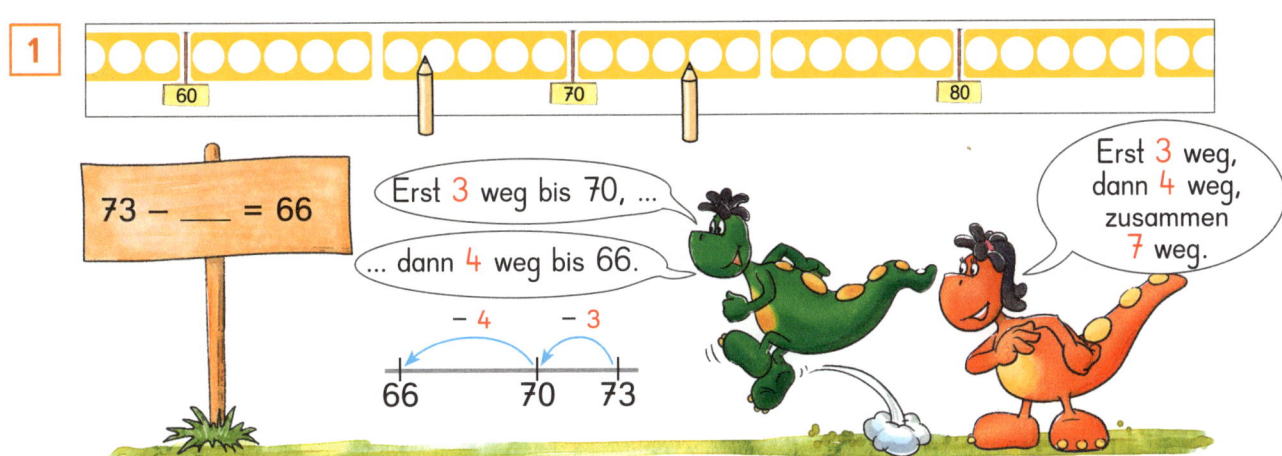

1

73 − ___ = 66

Erst 3 weg bis 70, ...

... dann 4 weg bis 66.

Erst 3 weg, dann 4 weg, zusammen 7 weg.

2 Zeige mit deinen Stiften und zeichne den Rechenstrich dazu.

a) 73 − ___ = 68   b) 75 − ___ = 66   c) 72 − ___ = 64   d) 77 − ___ = 69

3 a) 42 − ___ = 35   b) 41 − ___ = 36   c) 45 − ___ = 37   d) 43 − ___ = 38

    42 − ___ = 34   41 − ___ = 33   45 − ___ = 39   43 − ___ = 35

4 a) 24 − ___ = 17   b) 25 − ___ = 16   c) 82 − ___ = 74   d) 55 − ___ = 46

    44 − ___ = 38   52 − ___ = 46   53 − ___ = 46   23 − ___ = 19

    74 − ___ = 65   93 − ___ = 86   34 − ___ = 29   94 − ___ = 88

5 a)   b)   c)   d)

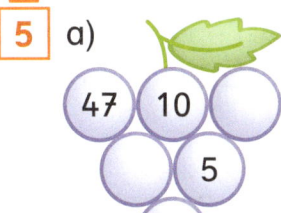

a) 47 10 — 5

b) 94 10 — 2

c) 86 10 — 4

d) 39 10 — 7

6 a)   b)   c)   d)

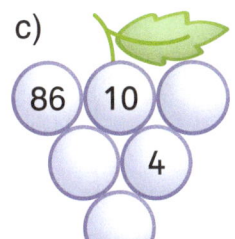
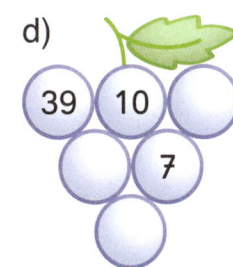

a) 40 5 30

b) 70 8 61

c) 74 0 67

d) 52 2 44

7 a)   b)   c)   d)

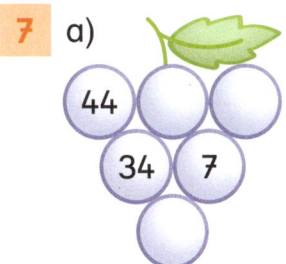
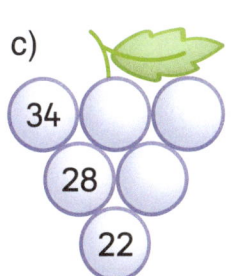

a) 44 34 7

b) 81 73 2

c) 34 28 22

d) 63 54 47

Nach dieser Seite empfiehlt sich Diagnosetest D5.

1 Wie viel Euro sind es?  a) ☐ 1 2 €

a) b) c)

2 a) Wie viel Euro hat jedes Kind gespart?

b) Wer hat am meisten gespart?

c) Wer hat am wenigsten gespart?

 Lisa 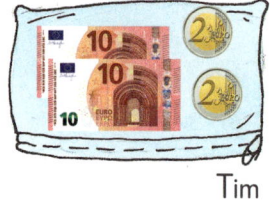 Tim  Ali

3 Lege mit Rechengeld und zeichne.

a) 17 €   b) 35 €   c) 63 €   d) 86 €   e) 74 €

4 a) Lege mit Rechengeld. Dein Partner sagt, wie viel es ist.

b) Nenne einen Betrag. Dein Partner legt ihn.

5 a)

20 €   28 €

__ € + __ € = __ €

b)

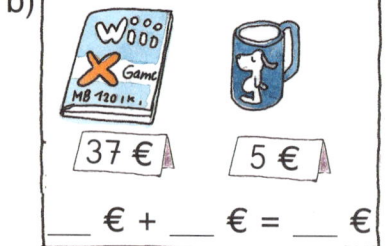

37 €   5 €

__ € + __ € = __ €

c)

4 €   49 €

__ € + __ € = __ €

6 a)

7 €

__ € − __ € = __ €

b)

42 €

__ € − __ € = __ €

c)

96 €

__ € − __ € = __ €

7 a)

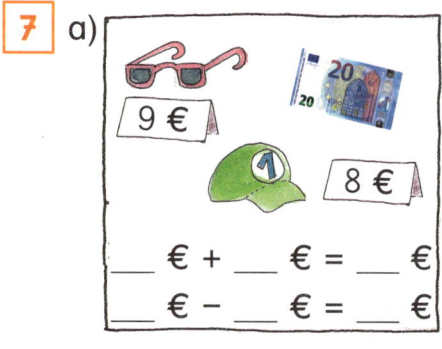

9 €   8 €

__ € + __ € = __ €
__ € − __ € = __ €

b)

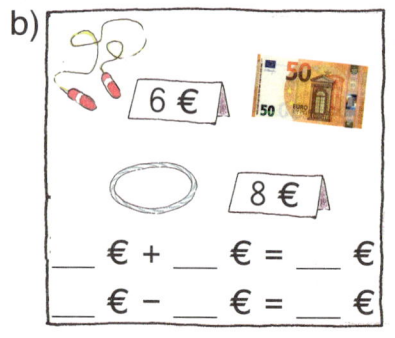

6 €   8 €

__ € + __ € = __ €
__ € − __ € = __ €

c)

59 €   20 €

__ € + __ € = __ €
__ € − __ € = __ €

1 Wie viel Cent sind es? a) | 7 | 4 | ct |

a)

b)

c)

d)

e)

2 Lege mit Münzen und zeichne.

a) 80 ct   b) 35 ct   c) 64 ct   d) 71 ct

e) 27 ct   f) 88 ct   g) 52 ct   h) 99 ct

3 Können die Kinder den Betrag mit ihren Münzen legen?

a) 35 ct   b) 50 ct   c) 45 ct   d) 75 ct   e) 27 ct   f) 62 ct

Karin

Pia

4 Lege immer 10 Cent. Finde verschiedene Möglichkeiten.

5 Immer 1 Euro.

a)    b)    c)

d) 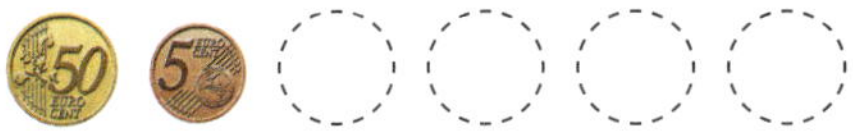   e)

6 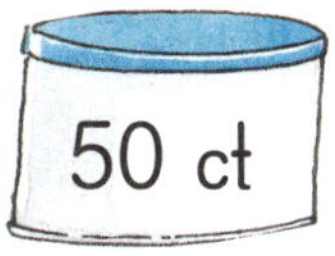 In der Dose sind 50 Cent in:

50 ct

a) 3 Münzen
b) 4 Münzen
c) 5 Münzen

Welche Münzen können es sein?

7  In der Dose sind 20 Cent in:

20 ct

a) 4 Münzen
b) 5 Münzen
c) 6 Münzen

Welche Münzen können es sein?

100 ct sind
1 €.

Ein Euro gleich 100 Cent.
1 € = 100 ct

Nach dieser Seite empfiehlt sich Diagnosetest D6.

1

$33 + 25$

Erst 20 dazu, dann 5 dazu.

$+20$ $+5$
33 53 58

Svea

Erst 5 dazu, dann 20 dazu.

$+5$ $+20$
33 38 58

Lea

Zusammen 5 Zehner und 8 Einer.

Tom

$33 + 25 = 58$
$33 + 20 = 50$
$53 + 5 = 58$

Arian

$33 + 25 = 58$
$33 + 5 = 38$
$38 + 20 = 58$

Fatih

2 Wie rechnest du?

a) $34 + 15$ b) $56 + 33$ c) $36 + 12$ d) $54 + 11$ e) $44 + 26$
$42 + 26$ $45 + 54$ $46 + 24$ $27 + 33$ $21 + 48$
$34 + 25$ $17 + 52$ $26 + 22$ $76 + 21$ $43 + 35$

48 48 49 50 59 60 65 68 69 69 70 70 78 89 97 99

3 a) $25 + 13$ b) $41 + 27$ c) $57 + 32$ d) $65 + 14$ e) $38 + 42$
$25 + 14$ $41 + 28$ $57 + 33$ $65 + 15$ $38 + 43$
$25 + 15$ $41 + 29$ $57 + 34$ $65 + 16$ $38 + 44$

38 39 40 68 69 70 71 79 80 80 81 81 82 89 90 91

4 Schau auf die Einer. Denke an die Zehnerfreunde.

a) $47 + 23$ b) $56 + 24$ c) $24 + 26$ d) $36 + 54$ e) $44 + 36$
$48 + 32$ $49 + 51$ $18 + 42$ $17 + 63$ $28 + 42$

50 60 70 70 80 80 80 80 90 90 100

5

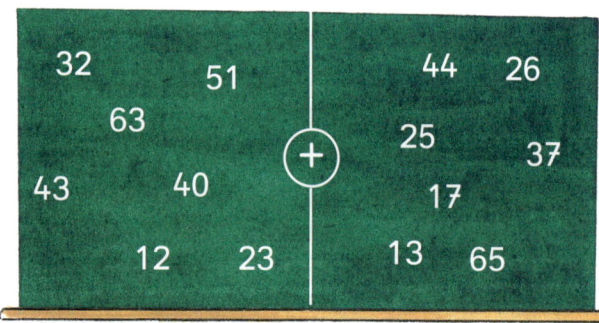

32   51   44   26
63   25
43   40   + 37
12   23   17
              13   65

a) Bilde Plus-Aufgaben, bei denen das Ergebnis über 80 liegt.

b) Bilde Plus-Aufgaben, bei denen das Ergebnis unter 40 liegt.

6 a) $42 + 9$ b) $87 + 8$ c) $79 + 7$ d) $30 + 8$ e) $55 + 7$
$16 + 3$ $44 + 5$ $66 + 7$ $82 + 9$ $53 + 6$
$53 + 8$ $33 + 7$ $17 + 7$ $78 + 4$ $26 + 4$

19 24 30 38 40 49 51 55 59 61 62 73 82 86 91 95

1

$37 + 26$

Zusammen 5 Zehner und 13 Einer.

Erst 20 dazu, dann 6 dazu.

Erst 20 dazu, dann 3 dazu bis 60, dann noch 3 dazu.

Lara

Jens

Dunja

$+20$ · $+6$
37 · 57 · 63

$+20$ · $+3$ · $+3$
37 · 57 · 60 · 63

$37 + 26 = 63$
$30 + 20 = 50$
$7 + 6 = 13$

Leon

$37 + 26 = 63$
$37 + 20 = 57$
$57 + 3 = 60$
$60 + 3 = 63$

Mia

2 Wie rechnest du?

a) $22 + 69$
$38 + 38$
$14 + 47$

b) $56 + 39$
$36 + 46$
$27 + 57$

c) $36 + 18$
$47 + 24$
$35 + 27$

d) $43 + 38$
$54 + 18$
$27 + 37$

e) $46 + 24$
$57 + 35$
$28 + 48$

54   60   61   62   64   70   71   72   76   76   81   82   84   91   92   95

3

a) $55 + 17$
$36 + 28$
$44 + 17$

b) $46 + 35$
$29 + 43$
$31 + 67$

c) $28 + 26$
$44 + 44$
$35 + 37$

d) $65 + 27$
$49 + 32$
$33 + 33$

e) $48 + 26$
$29 + 22$
$17 + 67$

51   54   61   64   66   72   72   72   74   81   81   82   84   88   92   98

4

$23 + 30$, dann 1 weniger.

a) $23 + 29$
$36 + 19$
$45 + 29$

b) $44 + 19$
$38 + 39$
$66 + 28$

c) $37 + 18$
$53 + 39$
$46 + 48$

52   55   55   63   65   74   77   92   94   94

5

$60 + 37$, dann 1 weniger.

a) $59 + 37$
$29 + 54$
$49 + 26$

b) $58 + 29$
$19 + 19$
$49 + 49$

c) $19 + 38$
$69 + 15$
$29 + 28$

38   57   57   75   77   83   84   87   96   98

6

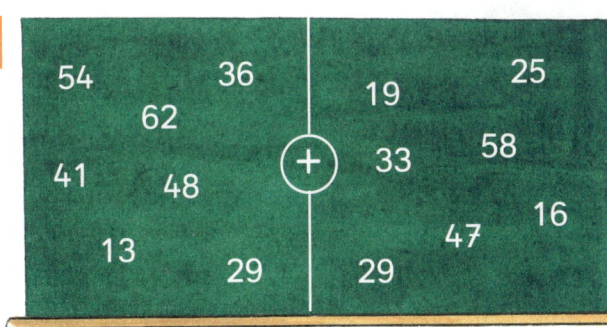

54   36   19   25
62
$+$ 33   58
41   48
13   47   16
29   29

a) Bilde Plus-Aufgaben und rechne auf deinem Weg.

b) Bilde Plus-Aufgaben, bei denen das Ergebnis möglichst nahe an 80 liegt.

1

2 Wie rechnest du?

a) 59 – 32
   74 – 54
   85 – 62

b) 43 – 11
   52 – 20
   39 – 17

c) 67 – 34
   78 – 27
   88 – 18

d) 93 – 82
   64 – 51
   55 – 34

e) 47 – 44
   68 – 65
   95 – 93

2   3   3   11   13   20   21   22   23   27   29   32   32   33   51   70

3 a) 23 – 11
      23 – 12
      23 – 13

b) 45 – 13
   45 – 14
   45 – 15

c) 67 – 45
   67 – 46
   67 – 47

d) 73 – 32
   73 – 33
   73 – 34

e) 68 – 17
   68 – 18
   68 – 19

10   11   12   20   21   22   30   31   32   38   39   40   41   49   50   51

4 Schau zuerst auf die Einer.

a) 73 – 43
   54 – 24

b) 66 – 46
   95 – 45

c) 48 – 38
   88 – 28

d) 74 – 34
   62 – 42

e) 58 – 18
   67 – 37

5

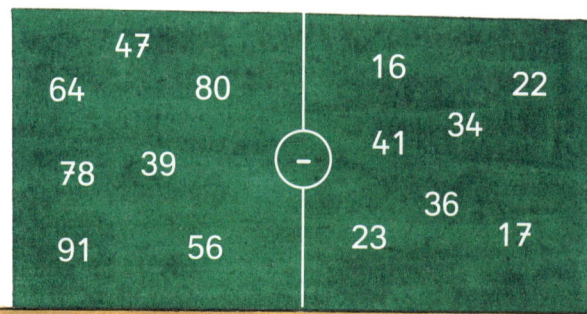

a) Bilde Minus-Aufgaben, die eine Zehnerzahl als Ergebnis haben.

b) Bilde Minus-Aufgaben mit ungeradem Ergebnis.

6 a) 81 – 4
      90 – 6
      13 – 7

b) 45 – 9
   18 – 9
   72 – 9

c) 54 – 4
   77 – 8
   22 – 5

d) 53 – 7
   34 – 8
   60 – 3

e) 31 – 6
   39 – 5
   80 – 8

6   9   17   25   26   34   36   46   50   57   63   69   72   75   77   84

1

2 Wie rechnest du?

a)	b)	c)	d)	e)
92 − 47	96 − 48	43 − 14	63 − 36	91 − 72
73 − 26	84 − 15	52 − 26	72 − 27	64 − 26
84 − 55	76 − 39	31 − 17	81 − 18	55 − 34
32 − 15	45 − 27	70 − 35	54 − 27	96 − 87

9 14 17 18 19 21 26 27 27 28 29 29 35 37 38 45 45 47 48 63 69

3

Erst minus 30, dann 1 dazu.

73 − 29

a)	b)	c)
73 − 29	82 − 59	75 − 39
54 − 39	42 − 28	52 − 29
36 − 19	67 − 49	91 − 79
93 − 69	62 − 29	63 − 18

12 14 15 17 18 23 23 24 33 34 36 44 45

4

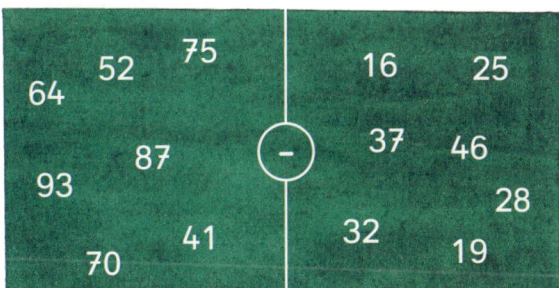

a) Bilde Aufgaben mit geradem Ergebnis.
b) Bilde Aufgaben, bei denen das Ergebnis über 60 liegt.
c) Bilde Aufgaben, bei denen das Ergebnis unter 20 liegt.

5 Kati sammelt Pferde-Bilder. Sie hat schon 35 Bilder. Oma schenkt ihr noch acht Bilder. Wie viele Bilder hat Kati jetzt?

6 Tom hat vierzig Fußball-Bilder. Er schenkt Alexander zum Geburtstag fünf Bilder. Wie viele Bilder hat Tom noch?

7 Sara hat zum Geburtstag 45 € geschenkt bekommen. Sie kauft sich eine Hose für 19 €. Wie viel Geld bleibt übrig?

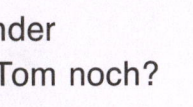

F L A

43

1 immer + 10

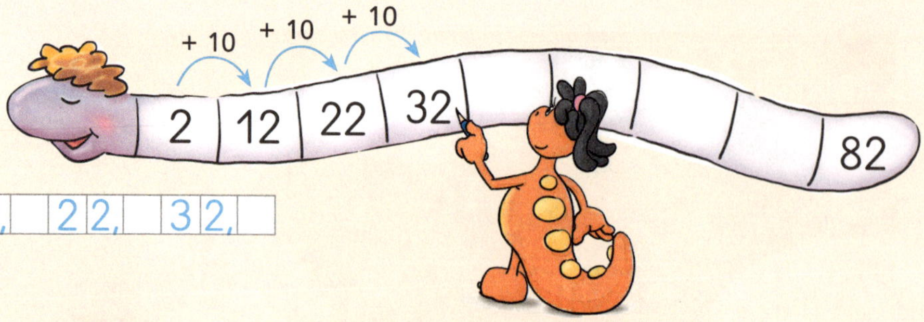

+10 +10 +10

2 | 12 | 22 | 32 | | | | 82

a) 2, 12, 22, 32,

2 immer …

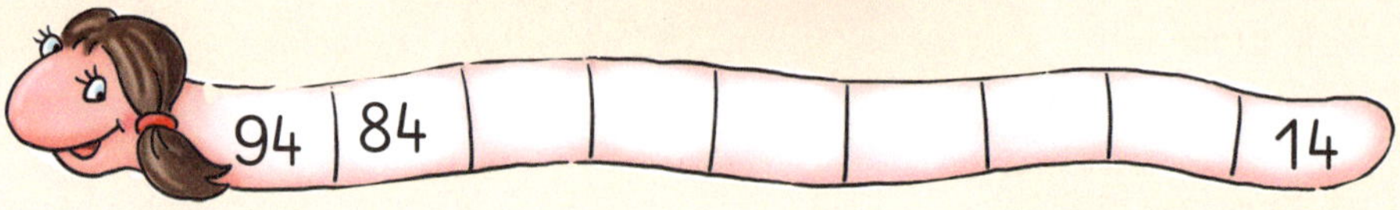

94 | 84 | | | | | | | 14

3 immer …

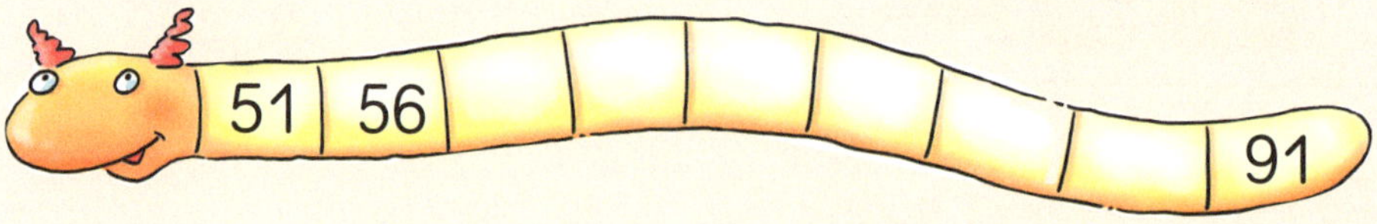

51 | 56 | | | | | | 91

4 immer …

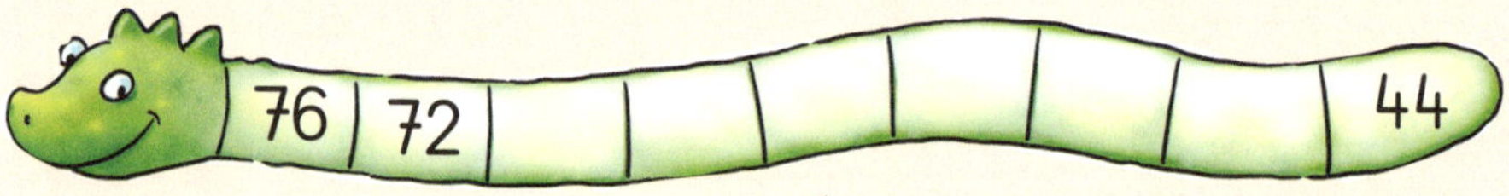

76 | 72 | | | | | | 44

5 immer …

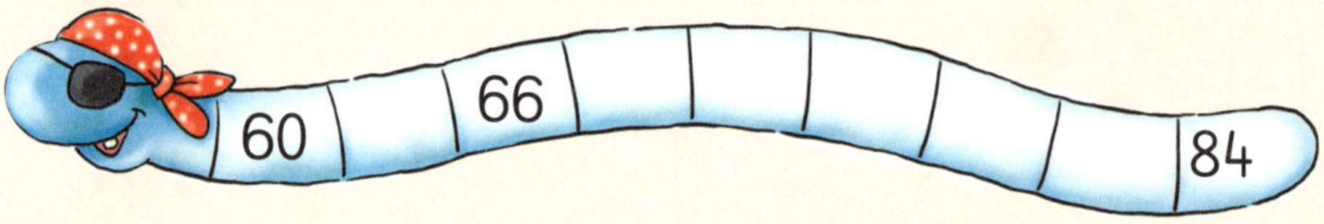

60 | | 66 | | | | | 84

6 immer …

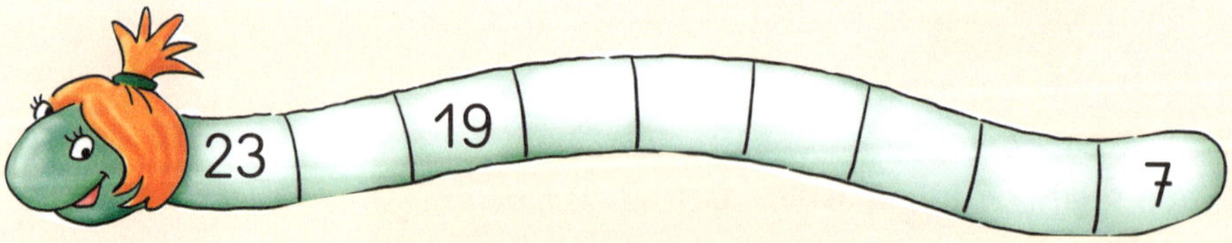

23 | | 19 | | | | | 7

7 immer erst … dann …

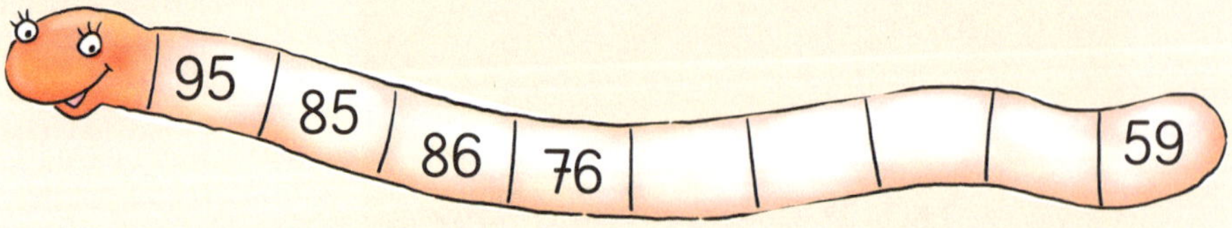

95 | 85 | | 86 | 76 | | | | 59

8 immer erst … dann …

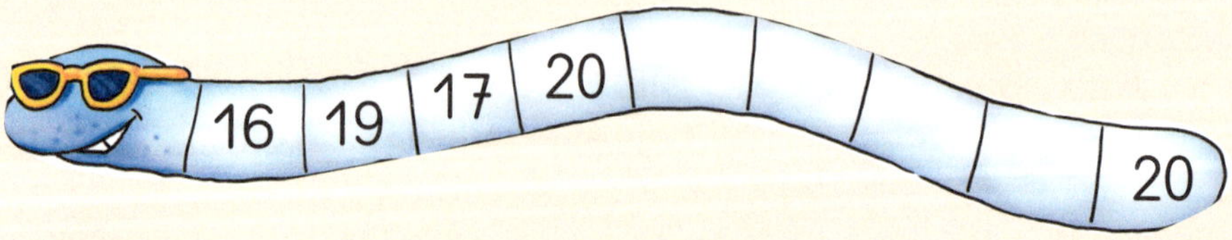

16 | 19 | 17 | 20 | | | | | 20

9 immer erst … dann …

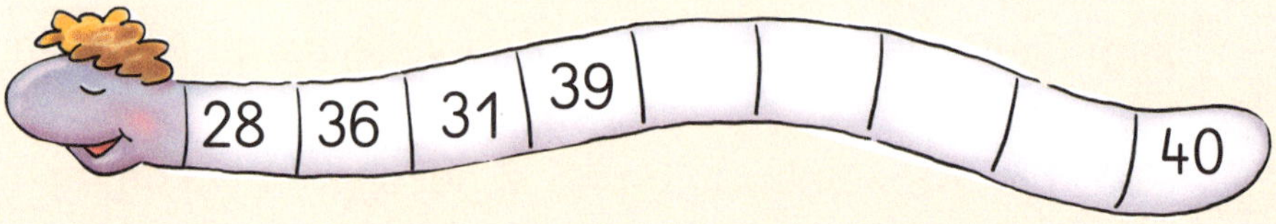

28 | 36 | 31 | 39 | | | | 40

10 Finde eigene Regelwürmer.

Kopiervorlage auf DVD Digitale Lehrermaterialien 2 oder als Download

1 Denk an die kleine Schwester.

a) 53 + 4   b) 7 + 22

32 + 7   4 + 93

2 Denk an die kleine Schwester.

a) 87 − 4   b) 89 − 7

53 − 2   75 − 5

3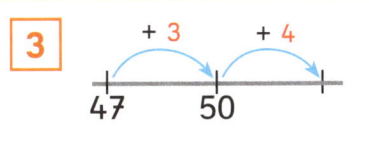

47 + 7

66 + 6

73 + 8

4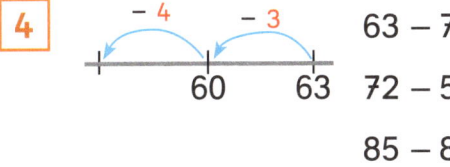

63 − 7

72 − 5

85 − 8

5

a) 38 + 9   b) 47 − 9

47 + 9   92 − 9

88 + 9   33 − 9

6

a) 24 + 43   b) 54 + 37

65 + 25   27 + 27

50 + 38   53 + 29

7

a) 48 − 25   b) 51 − 34

80 − 56   84 − 37

77 − 43   42 − 19

8

	72	
32		
26		

9 Wie viel Cent sind es?

10 Wie viel Geld bleibt übrig?

32 €

Kopiervorlage auf DVD Digitale Lehrermaterialien 2 oder als Download
Nach dieser Seite empfiehlt sich Diagnosetest D7.

45

Formen und Achsensymmetrie

1 a) Lege die Ente
   mit Formenplättchen aus.
   Wie viele brauchst du?

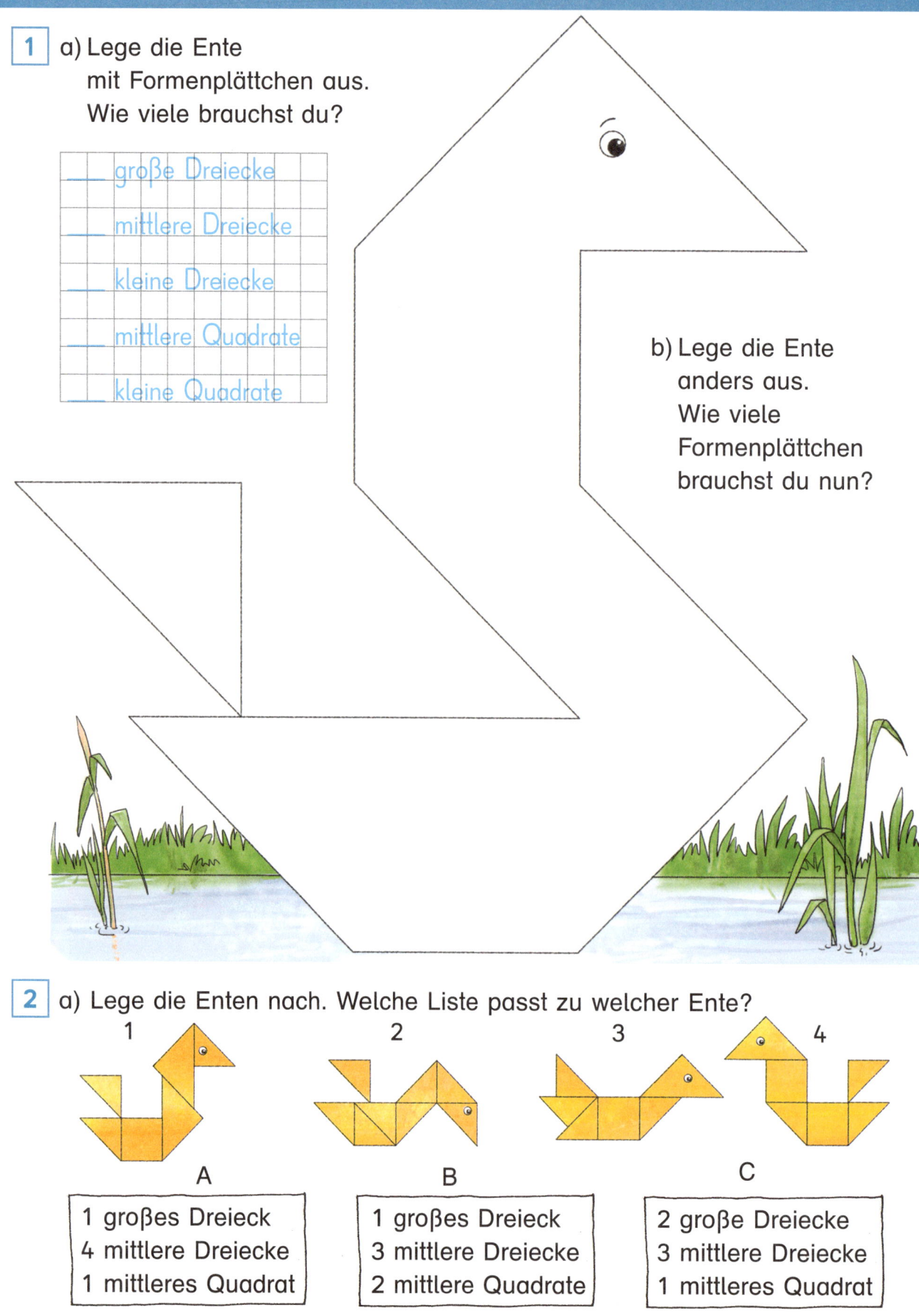

	große Dreiecke				
	mittlere Dreiecke				
	kleine Dreiecke				
	mittlere Quadrate				
	kleine Quadrate				

b) Lege die Ente
   anders aus.
   Wie viele
   Formenplättchen
   brauchst du nun?

2 a) Lege die Enten nach. Welche Liste passt zu welcher Ente?

1   2   3   4

A

| 1 großes Dreieck |
| 4 mittlere Dreiecke |
| 1 mittleres Quadrat |

B

| 1 großes Dreieck |
| 3 mittlere Dreiecke |
| 2 mittlere Quadrate |

C

| 2 große Dreiecke |
| 3 mittlere Dreiecke |
| 1 mittleres Quadrat |

b) Eine Liste fehlt. Schreibe sie auf.

1 Lege das Dreieck aus. Es gibt verschiedene Lösungen.
Schreibe für jede Lösung eine Liste.

Ich nehme das große Dreieck.

Ich nehme andere Formenplättchen.

Meine Formenplättchen

große Dreiecke
mittlere Dreiecke
kleine Dreiecke
große Quadrate
mittlere Quadrate
kleine Quadrate

2 Lege das Quadrat aus. Schreibe Listen
a) mit 2 Formenplättchen.
b) mit 3 Formenplättchen.

3 Legt das Quadrat mit 4 Formenplättchen aus. Es gibt vier verschiedene Listen. Findet ihr sie alle?

4 Findest du auch Listen für 5, 6, 7 oder 8 Formenplättchen? Lege und schreibe.

5 Welche Listen passen?

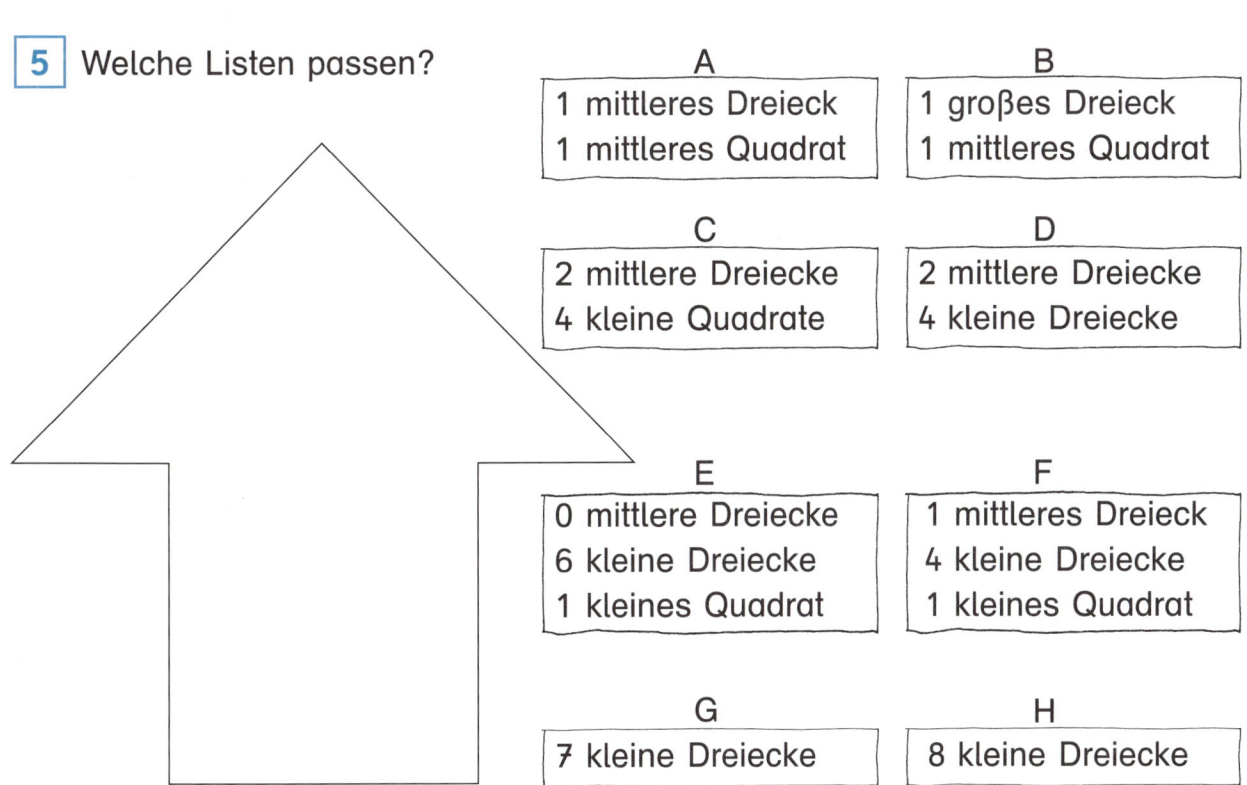

A
1 mittleres Dreieck
1 mittleres Quadrat

B
1 großes Dreieck
1 mittleres Quadrat

C
2 mittlere Dreiecke
4 kleine Quadrate

D
2 mittlere Dreiecke
4 kleine Dreiecke

E
0 mittlere Dreiecke
6 kleine Dreiecke
1 kleines Quadrat

F
1 mittleres Dreieck
4 kleine Dreiecke
1 kleines Quadrat

G
7 kleine Dreiecke

H
8 kleine Dreiecke

1 Lege die Muster mit den Formenplättchen nach und setze sie fort.

a) 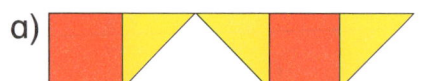   b)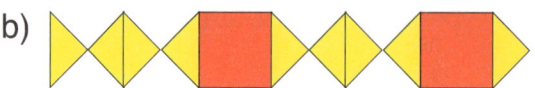

2 Erfinde und lege ein eigenes Muster. Dein Partner legt das Muster weiter.

3 Zeichne die Muster in dein Heft und setze sie fort.

a)    b)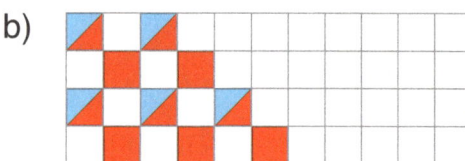

4 Erfinde eigene Muster und zeichne sie in dein Heft.

5 In jedem Muster ist ein Fehler. Finde ihn und begründe.

a)    b)

6 Handelt es sich hier um Muster? Begründe.

a)    b)

c)    d)

7 Findet Muster im Klassenzimmer und in eurer Umwelt.

1 Startfigur

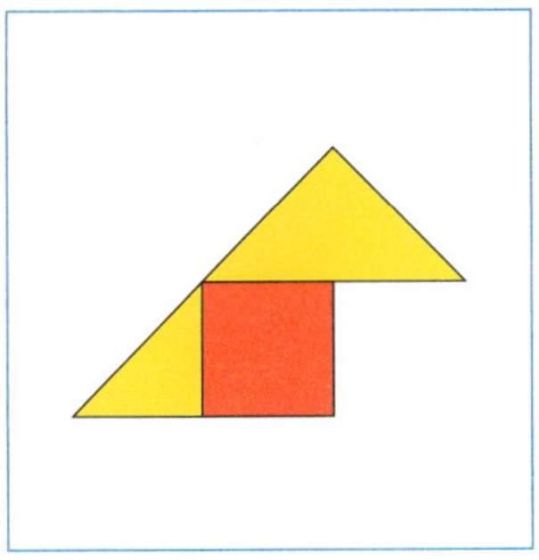

Mit dem Spiegel siehst du viele Bilder.

Lege die Startfigur.
Stelle den Spiegel dann so auf, dass du diese Bilder sehen kannst.

a) 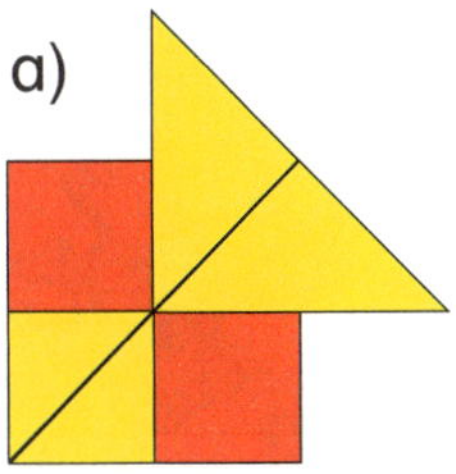 b) 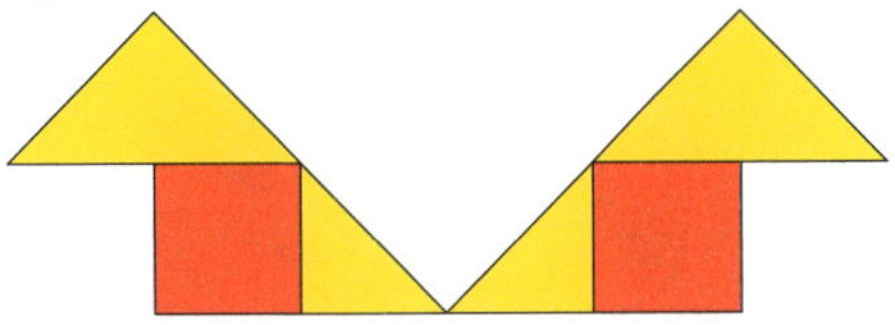 c)

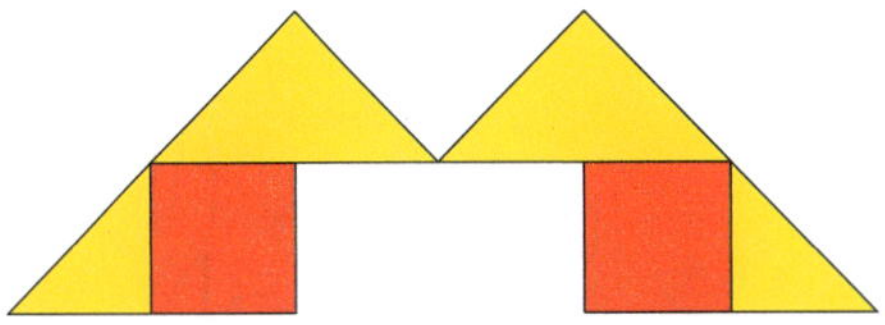

d)  e) 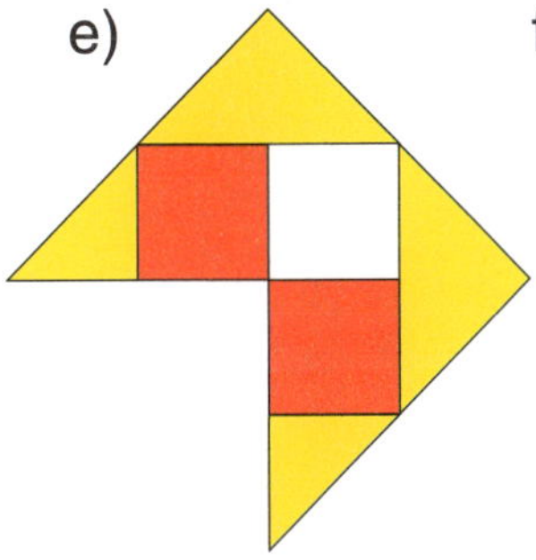 f)  g)

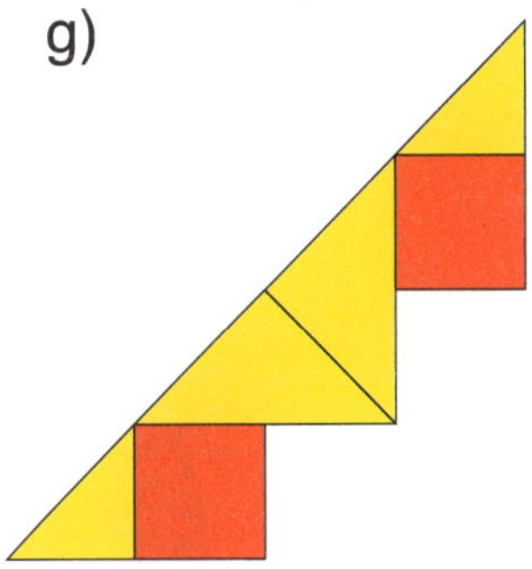

2 Startfigur  a)  b)

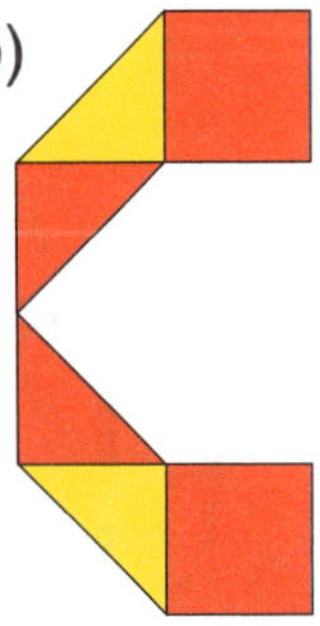

c) 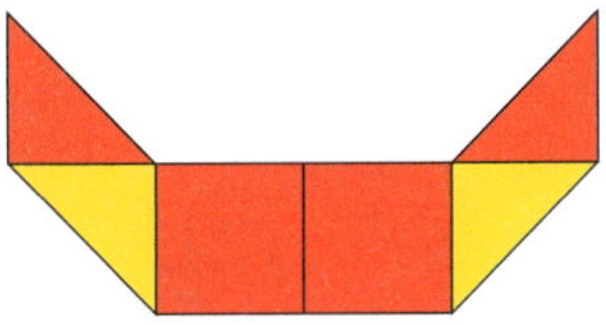 d)

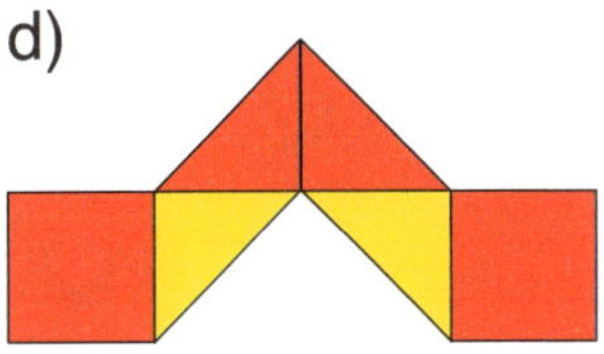

Figuren mit einer **Spiegelachse** sind **achsensymmetrisch**.

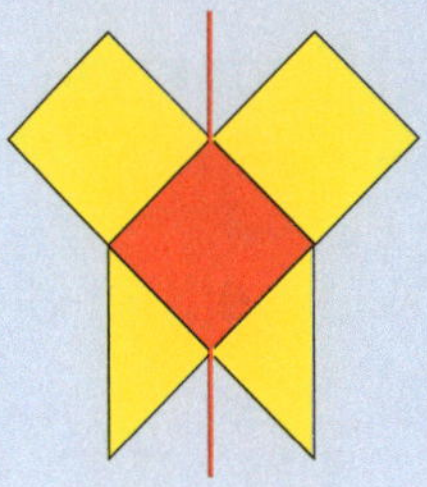

1 Welche Bilder sind achsensymmetrisch?
Prüfe mit dem Spiegel.

a)

b)

c)

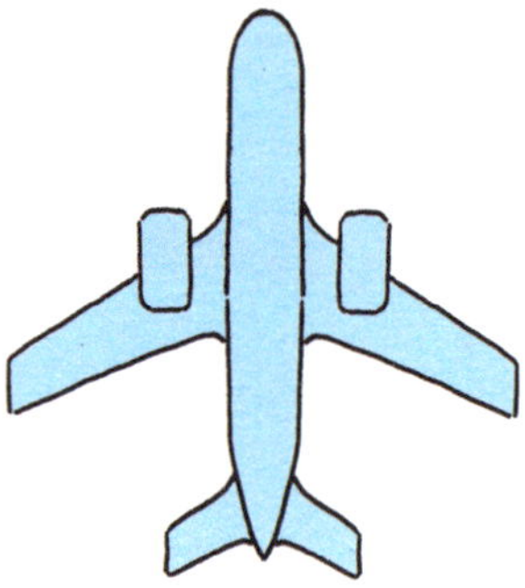

d)

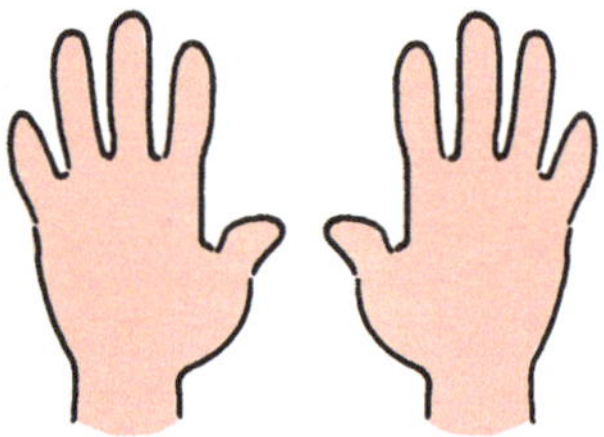

e)

f)

g)

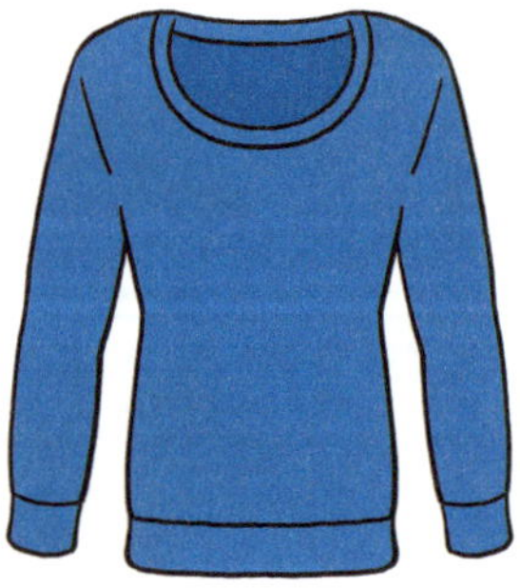

h)

i)

2 a) Welche der Buchstaben haben eine Spiegelachse? Welche haben zwei?

M E H N A Z O

b) Findest du noch andere achsensymmetrische Buchstaben?

3 Wie heißen die Kinder? Mit dem Spiegel kannst du es lesen.

a)

b)

c)

1 Ist das Gesicht achsensymmetrisch oder nicht achsensymmetrisch?

2 Wo gibt es in eurer Umwelt achsensymmetrische Dinge?
Bastelt euch einen Rahmen.
Geht auf die Suche.

3 Achsensymmetrisch oder nicht?

a)

b)

c)

d)
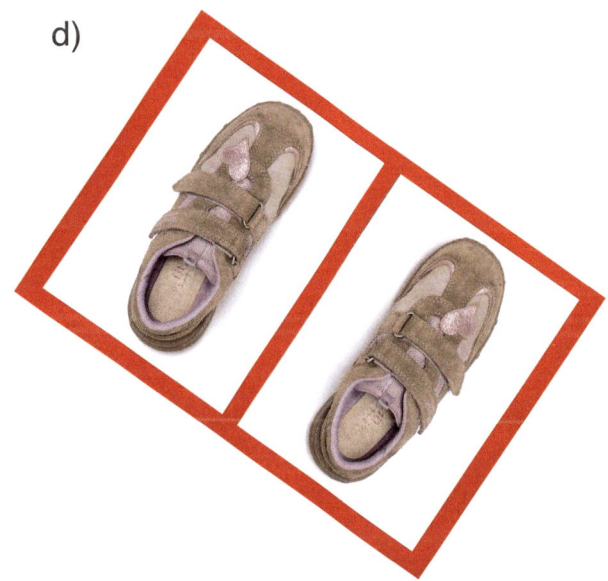

4
a) 34 + 50
   45 + 51

b) 45 + 45
   64 + 36

c) 12 + 70
   56 + 24

d) 56 + 28
   38 + 34

e) 23 + 48
   35 + 29

5
a) 56 − 40
   67 − 42

b) 98 − 80
   98 − 28

c) 40 − 17
   75 − 45

d) 73 − 35
   51 − 26

e) 92 − 68
   86 − 29

Kopiervorlage mit Bastelanleitung zum Rahmen auf DVD Digitale Lehrermaterialien 2 oder als Download.
Nach dieser Seite empfiehlt sich Diagnosetest D8.

51

Sachrechnen

Viele Fragen

A: Wie viel kostet eine Schwimmbrille?

B: Wie alt sind die Zwillinge?

C: Wie viel Geld hat die Mutter in der Hand?

D: Bekommen die Zwillinge Taschengeld?

Zwei Schwimmbrillen bitte.

E: Wie lange ist heute geöffnet?

F: Können die Kinder schon schwimmen?

G: Wie viel Geld bekommt die Mutter zurück?

H: Wie viel Euro muss die Mutter zahlen?

1 a) Welche Fragen könnt ihr nicht beantworten?

b) Welche Fragen könnt ihr beantworten, ohne zu rechnen? Wie lautet die Antwort?

c) Bei zwei Fragen müsst ihr rechnen. Schreibt Frage (F), Lösung (L) und Antwort (A) auf.

F Wie viel Euro muss die Mutter zahlen?
L
A ___ € muss sie zahlen.

Ich möchte eine Schwimmbrille.

Ich brauche neue Schwimmflügel.

Schreibe immer Frage (F), Lösung (L) und Antwort (A) auf.

2 a) Vater erfüllt beide Wünsche. Wie viel Euro muss er zahlen?

b) Er zahlt mit einem 50-Euro-Schein. Wie viel Euro bekommt er zurück?

3 a) Lilli kauft ein Handtuch und einen Tauchring.

b) Sie zahlt mit einem 20-Euro-Schein.

4 Finde weitere Fragen, bei denen man rechnen muss. Schreibe Frage (F), Lösung (L) und Antwort (A) auf.

Welche Informationen sind wichtig zum Rechnen?
Schreibe Frage (F), Lösung (L) und Antwort (A) auf.

1 Die wichtigen Informationen zum Rechnen
sind unterstrichen.

> Im Schwimmkurs sind zwölf Kinder.
> Nach dem Kurs räumt der
> Bademeister auf.
> 28 Ringe hat er schon.
> Acht Ringe liegen noch im Becken.
> Um 18 Uhr schließt das Schwimmbad.

F Wie viele Ringe sind es zusammen?

L

A ___ Ringe sind es zusammen.

2 Heute ist das Schwimmbad gut besucht.
Bis 17 Uhr sind schon 85 Gäste da.
Davon nehmen 12 Gäste am Schwimmkurs teil.
Um 18 Uhr wird geschlossen.
In der letzten Stunden kommen noch neun Gäste.

Welche Fragen kannst du beantworten?

> Wie viele Gäste
> waren heute insgesamt
> im Schwimmbad?

> Wie viele Gäste
> kamen zwischen 16 Uhr
> und 17 Uhr?

> Wie viele Gäste nahmen nicht
> am Schwimmkurs teil?

3 Anna und Sofie sind Schwestern.
Anna ist 11 Jahre alt und Sofie 7 Jahre.
Sie gehen um 14 Uhr ins Freibad und
üben Schwimmen. Anna schafft 75 Meter.
Sie schwimmt 49 Meter weiter als Sofie.

Finde Fragen, bei denen man rechnen muss.

4 Erfinde zu jeder Aufgabe eine Rechengeschichte.
   a) 36 + 20   b) 56 − 8   c) 17 + ___ = 22   d) 40 − ___ = 33

1

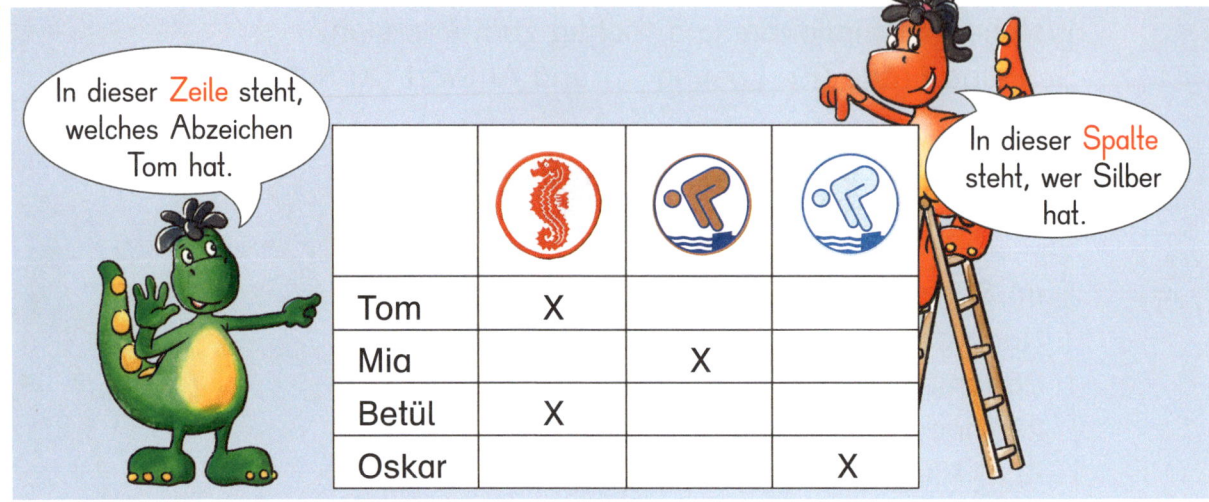

In dieser Zeile steht, welches Abzeichen Tom hat.

In dieser Spalte steht, wer Silber hat.

Tom	X		
Mia		X	
Betül	X		
Oskar			X

a) Welches Schwimm-Abzeichen hat Betül?

b) Welches Kind hat Bronze?

c) Welches Kind schwimmt am besten?

d) Welches Abzeichen kommt am häufigsten vor?

2

	Nicht-schwimmer				
Klasse 2a	3	12	7	2	0
Klasse 2b	2	10	8	3	1
Klasse 2c	9	8	3	4	0

Deutscher Jugend-Schwimmpass

a) In welcher Klasse sind die meisten Nichtschwimmer?

b) Haben in der Klasse 2b mehr Kinder das Seepferdchen oder Bronze?

c) Wie viele Kinder aus allen Klassen haben das Seepferdchen?

d) Wie viele Kinder haben schon Gold? Wie viele haben Silber?

e) Findet selbst Fragen und passende Antworten.
   Du stellst eine Frage, dein Partner antwortet. Wechselt euch ab.

3 Schwimmunterricht in der Parkschule

	Montag	Dienstag	Mittwoch	Donnerstag	Freitag
1./2. Stunde					3b
3./4. Stunde	2b	3a	2a	2c	3c
5./6. Stunde	4a		4c	4b	

a) Welche Klassen haben am Freitag Schwimmen?

b) In welchen Stunden hat die Klasse 3a Schwimmen?

c) An welchen Tagen haben die zweiten Klassen Schwimmen?

Schwimm-Abzeichen Bronze
- 200 m schwimmen in 15 Minuten
- 2 m tief tauchen und einen Ring heraufholen
- aus 1 m Höhe springen
- die Baderegeln kennen

1

	Schwimmen	Tauchen	Springen	Baderegeln
Max	X		X	X
Inga	X			X
Ali	X	X	X	
Juna	X	X	X	X
Bela		X	X	

a) Welche Kinder kennen schon die Baderegeln?

b) Was kann Ali schon?

c) Was kann Inga schon?

d) Was muss Max noch üben?

e) Welches Kind kann sich schon zur Prüfung anmelden?

2

	Schwimmen	Tauchen	Springen	Baderegeln
3 a	10	10	20	17
3 b	15	14	18	9
3 c	15	13	20	12

In jeder Klasse sind 24 Kinder.

a) Wie viele Kinder in Klasse 3 b müssen noch schwimmen üben?

b) Wie viele Kinder in Klasse 3 c trauen sich noch nicht zu springen?

c) In welcher Klasse können die meisten Kinder schon tauchen?

d) Wie viele Kinder können insgesamt schon 200 Meter schwimmen?

e) In welcher Klasse kennt genau die Hälfte der Kinder die Baderegeln?

sicher

möglich,
aber nicht sicher

unmöglich

(A) Es ist 2 Uhr. Die Sonne geht unter.

(B) Tom schießt seinen Fußball. Der Ball landet auf dem Mond.

(C) Murat würfelt. Oben liegt nicht die Augenzahl 10.

(D) Frau Neu fährt durch Stuttgart. Alle Ampeln sind „rot".

(E) In den Sommerferien fährt Pia in die Türkei. Am Strand schneit es.

(F) Nächste Woche regnet es am Mittwoch.

(G) Jan ist älter als seine Mutter.

(H) Eine Euro-Münze wird geworfen. Oben liegt die Zahl.

(I) Sara würfelt. Oben liegt nicht die Augenzahl 6.

(J) Herr Beimer füllt einen Lottoschein aus. Er gewinnt mit 6 Richtigen.

(K) Hanna kauft fünf Lose. Sie hat nur Nieten.

(L) Im nächsten Jahr ist Heiligabend am 24. Dezember.

1 Lest die Zettel der Kinder. Auf welche Tafel gehören die Zettel?

2 Schreibt selbst Zettel und sortiert sie wie an der Tafel.

a) sicher   b) möglich, aber nicht sicher   c) unmöglich

1

Henrik   Anja   Sandra

Die Kinder ziehen zwei Kugeln.

a) Beide Kugeln sind rot.
   Ist es sicher, möglich oder unmöglich?

b) Beide Kugeln sind blau.
   Ist es sicher, möglich oder unmöglich?

a)	Henrik: möglich		
	Anja:		

2 Zwei rote Kugeln werden gezogen. Überlegt und entscheidet.
Ist es sicher, möglich oder unmöglich?

a) 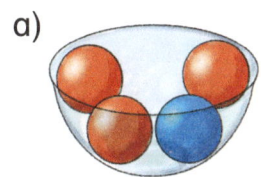   b) 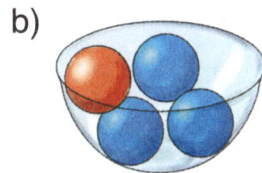   c) 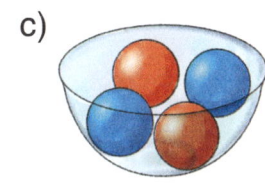   d)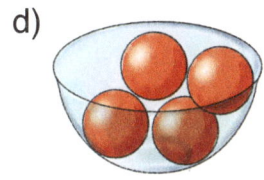

3 Zahline zieht zwei Kugeln. Welche Sätze passen zu der Schale?

a)    b) 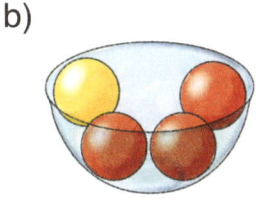   c)

A: Es ist möglich, dass beide Kugeln gelb sind.

B: Es ist unmöglich, dass beide Kugeln gelb sind.

C: Es ist möglich, dass eine Kugel gelb und eine Kugel rot ist.

D: Es ist sicher, dass eine Kugel gelb und eine Kugel rot ist.

E: Es ist sicher, dass beide Kugeln gelb sind.

4 Zwei Kugeln werden gezogen. Male eine passende Schale
mit vier Kugeln in dein Heft. Es gibt mehrere Möglichkeiten.

a) Es ist möglich, dass beide Kugeln blau sind.

b) Es ist unmöglich, dass beide Kugeln blau sind.

Nach dieser Seite empfiehlt sich Diagnosetest D9.

1 Vorgänger und Nachfolger

a)

V	Zahl	N
	24	
	48	
	61	

b)

V	Zahl	N
	59	
	70	
	99	

2 Rechnen mit Zehnern

a) 16 + 30   b) 50 + 37
   36 + 40   20 + 72
   48 + 20   40 + 51

c) 100 − 30   d) 31 − 20
   50 − 20   78 − 40
   60 − 50   87 − 50

3
a) 6 + 3   b) 62 + 5   c) 8 + 4   d) 47 + 7   e) 38 + 13
  26 + 3   31 + 4   58 + 4   65 + 8   56 + 22
  56 + 3   73 + 6   88 + 4   87 + 4   15 + 36

f) 9 − 4   g) 10 − 7   h) 15 − 8   i) 42 − 6   j) 52 − 19
  49 − 4   60 − 3   45 − 8   64 − 9   77 − 31
  89 − 4   90 − 6   75 − 8   91 − 7   64 − 47

4

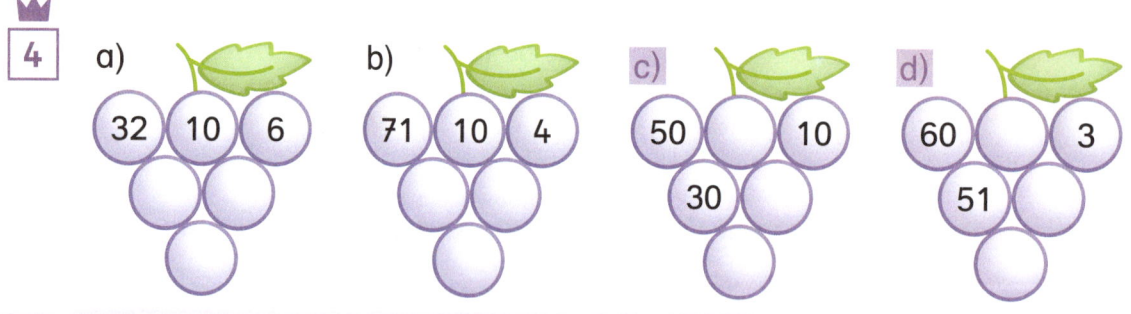

a) 32 10 6
b) 71 10 4
c) 50 10 30
d) 60 3 51

Schreibe immer Frage (F), Lösung (L) und Antwort (A) auf.

5
a) In der Turnhalle sind 18 Kinder.
   6 Kinder müssen sich noch umziehen.
   F Wie viele Kinder sind es zusammen?

b) Die Kinder werfen mit Bällen.
   Lisa wirft 19 Meter. Jan wirft 8 Meter weiter.
   F Wie weit wirft Jan?

6
a) In 10 Minuten klingelt es.
   22 Bälle liegen in der Turnhalle.
   Ben holt noch 8 Bälle.

b) Es sind noch 5 Minuten.
   Mia und Ben werfen zum letzten Mal.
   Mia schafft 18 Meter, Ben 3 Meter weniger.

Jede Aufgabe ist anders.

Manchmal gibt es mehrere Lösungen.

1 Das Schiff fährt um die Insel. Wo wurde das Foto gemacht?

A   B   C   D

2 Doppelt so viele Einer wie Zehner: Wie viele Zahlen von 1 bis 100 gibt es?

A: keine

B: zwei

C: vier

D: sechs

3 In welchen Labyrinthen kommt Lara ans Ziel?

A   B

C   D

4 Welche Kreise sind zur Hälfte blau?

A

B

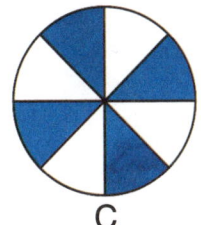
C

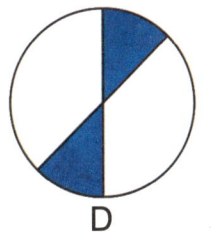
D

5 Was kannst du mit einem Schein und drei Münzen legen?

A: 10 €

B: 18 €

C: 20 €

D: 24 €

Multiplizieren und Dividieren

1

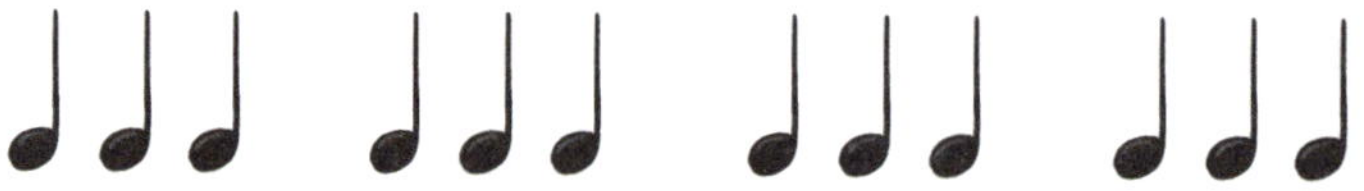

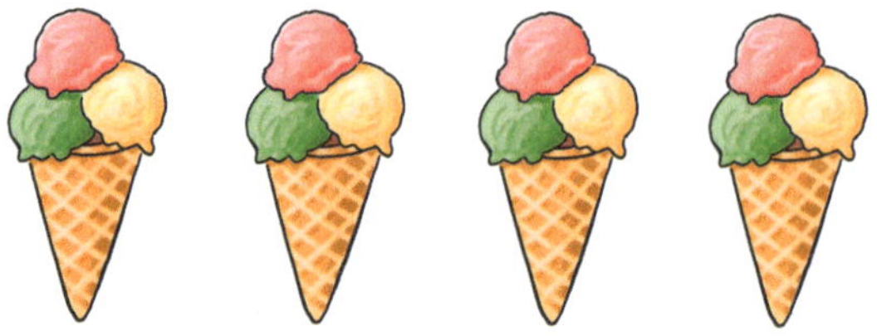

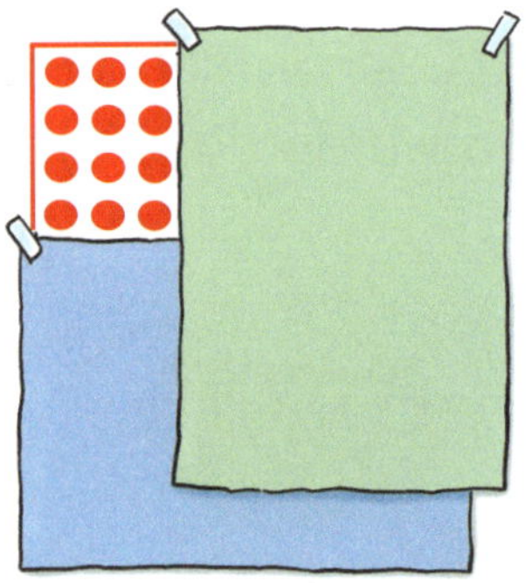

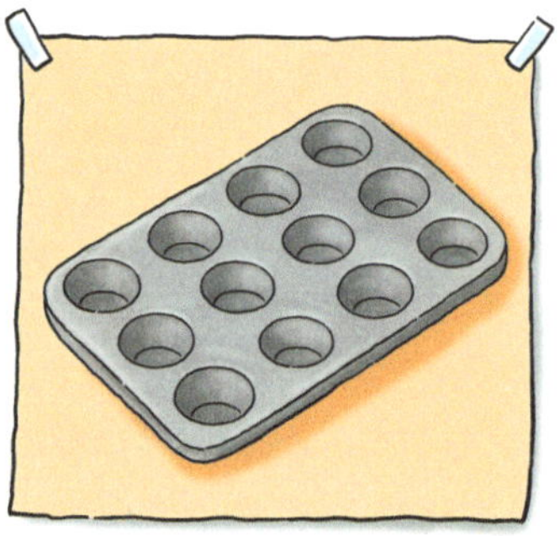

3 + 3 + 3 + 3 = 12

4 mal 3 gleich 12

4 · 3 = 12

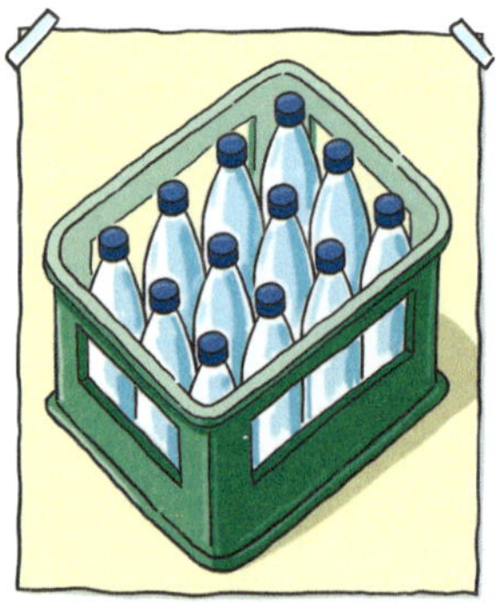

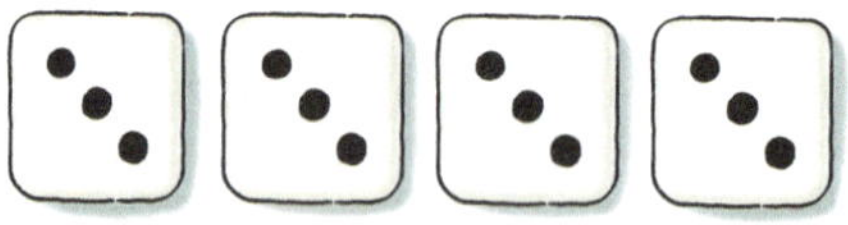

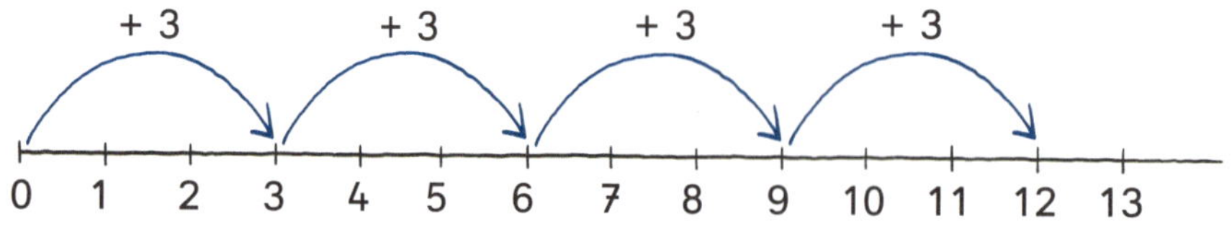

+ 3
+ 3
+ 3
+ 3
0 1 2 3 4 5 6 7 8 9 10 11 12 13

2

Lege oder zeichne.

5 + 5 + 5 = 15

3 mal 5 gleich 15

3 · 5 = 15

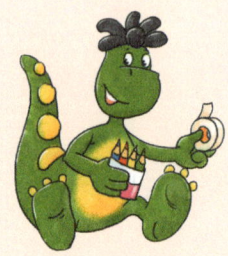

3

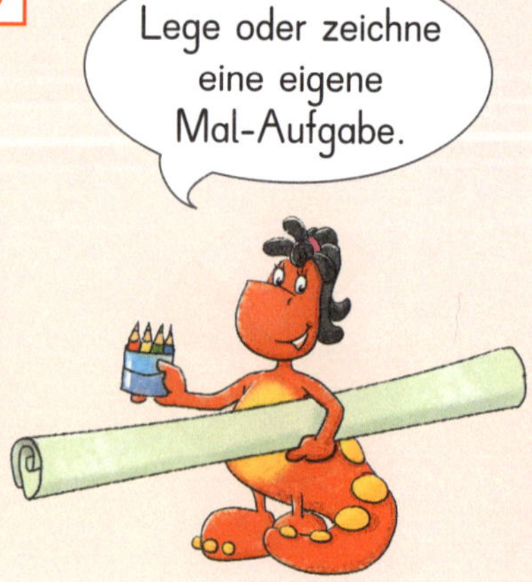

Lege oder zeichne eine eigene Mal-Aufgabe.

1

3 mal 6

| 6 + 6 + 6 = | | |
| 3 · 6 = | | |

2 Schreibe die Plus-Aufgabe. Wie heißt die Mal-Aufgabe?

a)

b)

c)

d)

e)

3 Wie heißt die Mal-Aufgabe?

a)

b)

c)

d)

4 Male zu jeder Aufgabe ein Bild.

a) 5 · 2   b) 3 · 3   c) 2 · 4   d) 5 · 3   e) 2 · 6

5 immer ...

6 immer ...

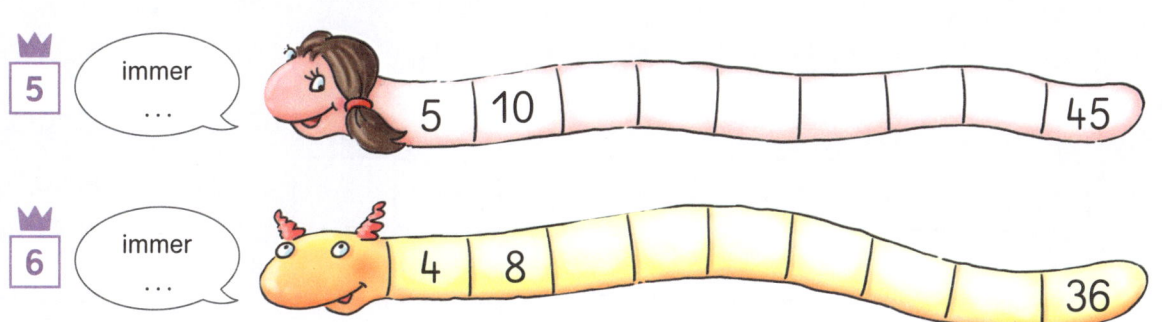

1

2

3

4

5 Wie viele Töne sind es? Schreibe die Plus-Aufgabe und die Mal-Aufgabe.

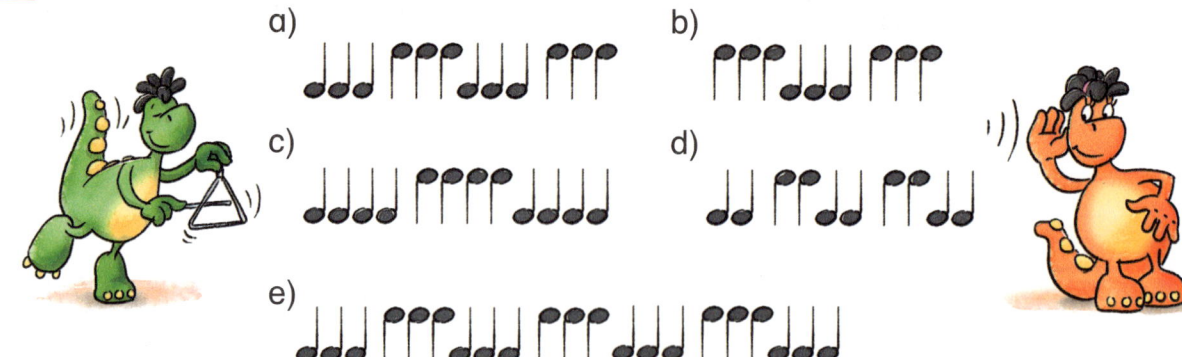

a)
b)
c)
d)
e)

6 Falte und steche ein. Schreibe die Plus-Aufgabe und die Mal-Aufgabe.

7 Wie viele Löcher sind es? Schreibe die Plus-Aufgabe und die Mal-Aufgabe.

a)   b)   c)   d)

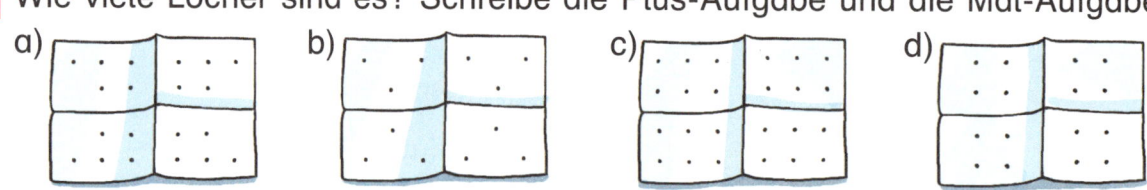

1 a) 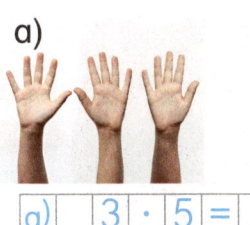 b) 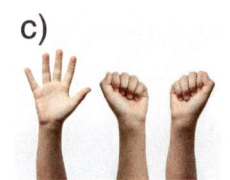 c) 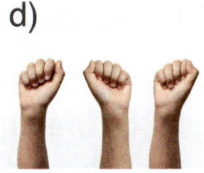 d)

a) 3 · 5 =

2 a)  b)  c) d)

a) 4 · 3 =

3
a) 2 · 3   b) 5 · 2   c) 1 · 0   d) 0 · 6   e) 1 · 9
   1 · 3   5 · 1   5 · 0   0 · 2   4 · 0
   0 · 3   5 · 0   3 · 0   0 · 4   0 · 5

4 Aufgepasst!
a) 1 · 0   b) 0 + 2   c) 10 · 0   d) 0 · 5   e) 4 + 0
   0 + 1   2 · 0   10 + 0   0 + 5   4 · 0
   0 · 1   0 · 2   10 − 0   5 − 5   4 − 0

5 Welche Zahl kannst du einsetzen?   0 1 3 4 7

a) ▢ · 1 = 0   b) 3 · ▢ = 0   c) 4 + ▢ = 4   d) ▢ − 7 = 0   e) ▢ · 7 = 7
   ▢ · 1 = 1   3 − ▢ = 0   4 − ▢ = 4   7 · ▢ = 0   7 · ▢ = 7
   ▢ + 1 = 1   3 · ▢ = 3   4 − ▢ = 0   ▢ · 7 = 0   7 − ▢ = 7

6 Welche Karten kannst du einsetzen? Überprüfe mit drei Zahlen.

a) Eine Zahl ▢ ergibt immer Null.

b) Eine Zahl ▢ ergibt immer die Zahl.

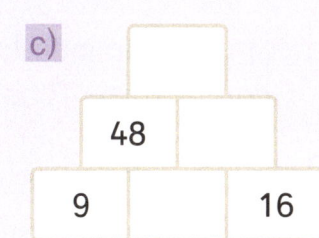

7 a)

	56	
28		7

b)

	37	
29		26

c)

	48	
9		16

1 Nimm immer drei Würfel.

a) Greife dreimal. $3 \cdot 3 = \underline{}$

b) Greife fünfmal. $5 \cdot 3 = \underline{}$

c) Greife sechsmal. $\underline{} \cdot 3 = \underline{}$

d) Greife zehnmal. $\underline{} \cdot 3 = \underline{}$

e) Greife keinmal. $\underline{} \cdot 3 = \underline{}$

2 Nimm immer fünf Würfel.

a) Greife zweimal. $\underline{} \cdot 5 = \underline{}$

b) Greife keinmal. $\underline{} \cdot 5 = \underline{}$

c) Greife viermal. $\underline{} \cdot 5 = \underline{}$

d) Greife dreimal. $\underline{} \cdot 5 = \underline{}$

3 Nimm immer zwei Würfel. Greife mehrmals.
Dein Partner sagt die Malaufgabe.

4 Immer vier Würfel. Schreibe die Mal-Aufgabe.

a) Greife zweimal.   b) Greife einmal.   c) Greife dreimal.

d) Greife viermal.   e) Greife sechsmal.   f) Greife achtmal.

5 Familie Meier bekommt jeden Tag vier Brötchen.

Montag   Dienstag   Mittwoch   Donnerstag   Freitag   Samstag

 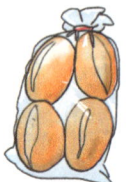  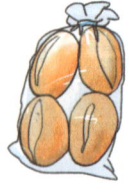  

Und auch am Sonntag!

Schreibe die Mal-Aufgabe. $\boxed{} \cdot \boxed{4} = \boxed{}$

Familie Meier bekommt in einer Woche $\underline{}$ Brötchen.

6 Familie Kasper bekommt jeden Tag fünf Brötchen.
Schreibe die Tabelle für eine Woche.

Tage	Brötchen
1	5
2	10
3	15
4	

7 Tom und Hannah kaufen jeden Tag drei Brötchen.
Schreibe eine Tabelle.

8 Familie Lutz kauft von Montag bis Freitag jeden Tag
sechs Brötchen. Schreibe eine Tabelle.

3 + 3 + 3 + 3, also 4 · 3 = 12

4 + 4 + 4, also 3 · 4 = 12

4 · 3 und 3 · 4 sind **Tauschaufgaben**. Tauschaufgaben haben das gleiche Ergebnis.

1 Schreibe zu jedem Bild Aufgabe und Tauschaufgabe.

a)

a)
2	·	3	=
3	·	2	=

b)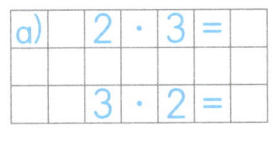

c)

2 Schreibe zu jedem Punktefeld Aufgabe und Tauschaufgabe.

a) 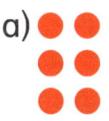   b)    c) 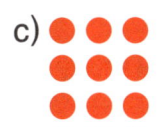   d)    e)

3

7 · 2 = 14

2 · 7 = 14

Zahlix und Zahline zeigen Mal-Aufgaben am Hunderterfeld. Schreibe zu jedem Punktefeld Aufgabe und Tauschaufgabe.

a) 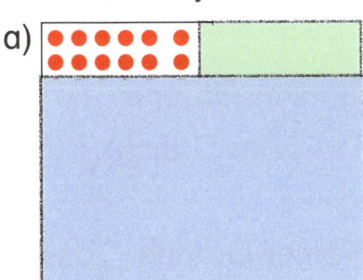   b) 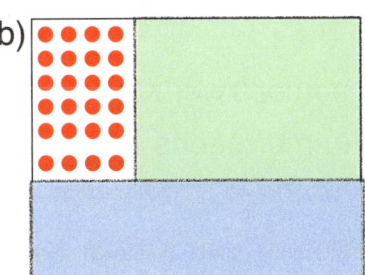   c)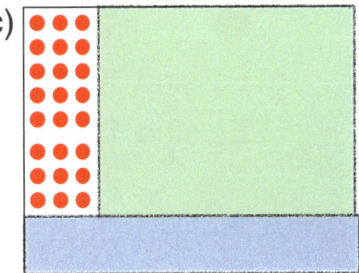

4 Zeige am Hunderterfeld. Schreibe Aufgabe und Tauschaufgabe dazu.

a) 3 · 2   b) 2 · 8   c) 4 · 9   d) 4 · 3   e) 7 · 1

5 Zeige eine Aufgabe am Hunderterfeld. Dein Partner nennt Aufgabe und Tauschaufgabe. Wechselt euch ab.

Nach dieser Seite empfiehlt sich Diagnosetest D10.

1

Immer vier in einer Gruppe.

Es sind 12 Kinder.

Es sind ___ Gruppen.

12	:	4	= 3
12 geteilt durch		4 gleich 3	

2 a)

b)

c)

10 : 2 = ___
Es sind ___ Gruppen.

16 : 4 = ___
Es sind ___ Gruppen.

12 : 6 = ___
Es sind ___ Gruppen.

3 a) Es sind 12 Kinder. Immer drei Kinder sind in einer Gruppe.

F Wie viele Gruppen sind es?

L

A ___ Gruppen sind es.

b) Es sind 12 Kinder. Immer zwei Kinder sind in einer Gruppe.

c) Es sind 12 Kinder. Immer sechs Kinder sind in einer Gruppe.

4 a) Es sind 10 Kinder. Immer vier Kinder sind in einer Gruppe.

F Wie viele Gruppen sind es? Wie viele Kinder bleiben übrig?

L

A ___ Gruppen sind es. ___ Kinder bleiben übrig.

b) Es sind 15 Kinder. Immer vier Kinder sind in einer Gruppe.

c) Es sind 10 Kinder. Immer drei Kinder sind in einer Gruppe.

1

Wir sind 3 Kinder.

Wir verteilen gerecht.

Wir haben 15 Äpfel.

Es sind 15 Äpfel.

$15 : 3 = 5$

Jedes Kind bekommt ___ Äpfel.

2 Verteile gerecht.

a) 12 Bananen, 3 Teller

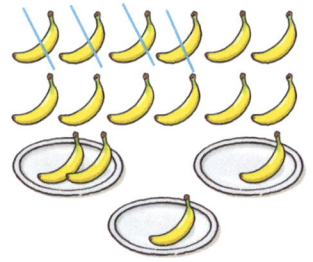

$12 : 3 =$ ___

Es sind ___ Bananen auf jedem Teller.

b) 16 Orangen, 4 Teller

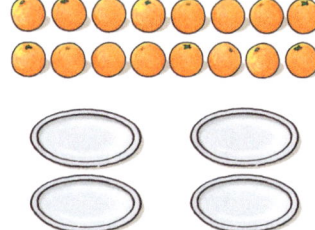

$16 : 4 =$ ___

Es sind ___ Orangen auf jedem Teller.

c) 10 Kiwis, 5 Teller

$10 : 5 =$ ___

Es sind ___ Kiwis auf jedem Teller.

3 Verteile 12 Plättchen gerecht. Lege oder male. Schreibe die Geteilt-Aufgabe.

a) Verteile auf vier Gruppen.

b) Verteile auf zwei Gruppen.

c) Verteile auf drei Gruppen.

d) Verteile auf sechs Gruppen.

4 Verteile 20 Plättchen gerecht. Lege oder male. Schreibe die Geteilt-Aufgabe.

a) Verteile auf vier Gruppen.

b) Verteile auf zehn Gruppen.

c) Verteile auf fünf Gruppen.

d) Verteile auf zwei Gruppen.

5 Verteile 10 Plättchen. Auf jedem Teller sollen gleich viele Plättchen sein. Welche Möglichkeiten hast du?

6 Wahr oder falsch? Auf jedem Teller sollen gleich viele Plättchen sein.

Ich kann 10 Plättchen auf drei Teller verteilen.

Tim

Ich kann 14 Plättchen auf zwei Teller verteilen.

Jana

Ich kann 20 Plättchen nicht auf drei Teller verteilen. Aber wenn ich ein Plättchen mehr habe, geht es.

Steffi

67

1

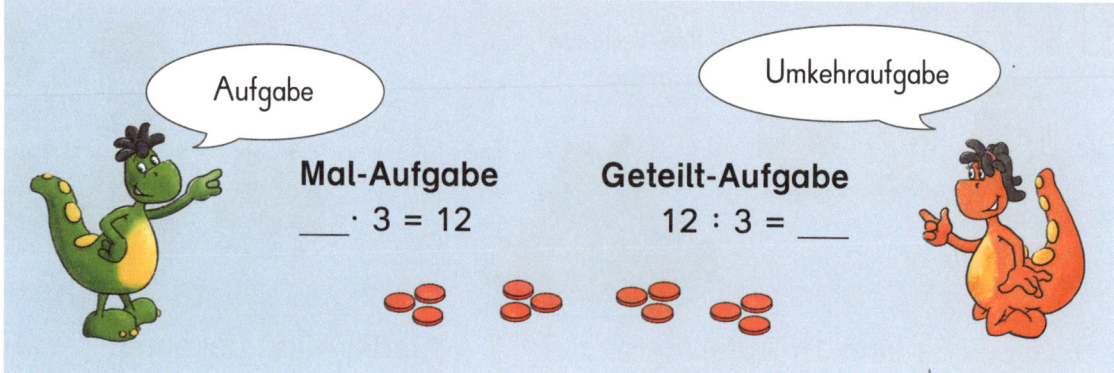

2 a) Es sind 8 Plättchen. Immer 4 Plättchen sind in einer Gruppe.

Es sind ___ Gruppen.
Mal-Aufgabe: ___ · 4 = 8
Geteilt-Aufgabe: 8 : 4 = ___

b) Es sind 12 Plättchen. Immer 6 Plättchen sind in einer Gruppe.

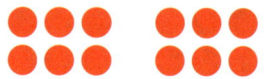

Es sind ___ Gruppen.
Mal-Aufgabe: ___ · 6 = 12
Geteilt-Aufgabe: 12 : 6 = ___

3 a) Es sind 20 Plättchen. Immer 4 Plättchen sind in einer Gruppe. Lege oder male.

Es sind ___ Gruppen.
Mal-Aufgabe: ___ · 4 = 20
Geteilt-Aufgabe: 20 : 4 = ___

b) Es sind 20 Plättchen. Immer 5 Plättchen sind in einer Gruppe. Lege oder male.

Es sind ___ Gruppen.
Mal-Aufgabe: ___ · 5 = 20
Geteilt-Aufgabe: 20 : ___ = ___

4 Es sind 18 Plättchen. Lege oder male.
Schreibe die Geteilt-Aufgabe und die Mal-Aufgabe dazu.

a) Immer 6 Plättchen sind in einer Gruppe.

a) 18 : 6 = 3, denn 3 · 6 = 18

b) Immer 2 Plättchen sind in einer Gruppe.

c) Immer 9 Plättchen sind in einer Gruppe.

d) Immer 3 Plättchen sind in einer Gruppe.

5 Nehmt 24 Plättchen. Legt oder malt.
Schreibt die Geteilt-Aufgabe und Mal-Aufgabe dazu.

a) Immer 6 Plättchen sind in einer Gruppe.

b) Immer 8 Plättchen sind in einer Gruppe.

c) Immer 4 Plättchen sind in einer Gruppe.

d) Welche weiteren Möglichkeiten gibt es?

1 Viele Malaufgaben.
Schreibe zu jeder Mal-Aufgabe auch die Geteilt-Aufgabe.

a)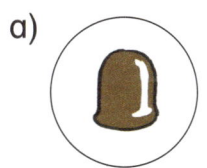

a)

	4	·	5	=		
			:	5	=	4

b)    c) 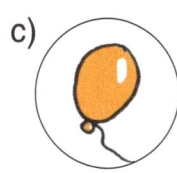   d)

2 Findest du noch weitere Mal-Aufgaben?
Schreibe auch die Geteilt-Aufgaben.

Nach dieser Seite empfiehlt sich Diagnosetest D11.

1 Annika schneidet aus Tonpapier kleine Schilder aus.
Sie hat Schablonen für drei Formen und Tonpapier in vier Farben.
Sie hat ihre Schilder sortiert.

a) Wie viele verschiedene dreieckige Schilder gibt es?

b) Wie viele verschiedene rote Schilder gibt es?

c) Wie viele verschiedene Schilder gibt es insgesamt?
   Schreibe eine passende Mal-Aufgabe.

2 Wie viele verschiedene Schilder können die Kinder ausschneiden?
Schreibe immer eine passende Mal-Aufgabe.

a) Timo

b) Marta

c) Ahmed

d) Darius

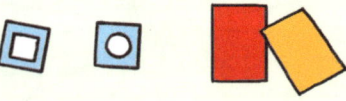

3 Die Kinder nehmen noch andere Formen und Farben dazu.
Wie viele verschiedene Schilder können die Kinder nun ausschneiden?
Schreibe immer eine passende Mal-Aufgabe.

a) Matilda

b) Hannes

c) Anton

d) Maria

1 Jette legt viele bunte Häuser. Sie hat zwei Dreiecke, rot und blau, und vier Quadrate, rot, blau, gelb und grün.

a) Wie viele verschiedene Häuser kann sie legen?

b) Schreibe dazu die Mal-Aufabe.

2 Wie viele verschiedene Häuser können die Kinder legen?
Zeichne und schreibe immer die passende Mal-Aufgabe.

a) Gregor

b) Luisa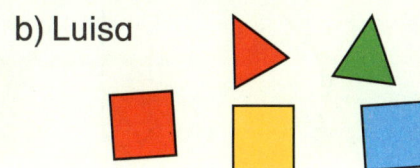

3 Die Kinder nehmen noch andere Farben dazu.
Wie viele verschiedene Häuser können die Kinder legen?
Zeichne und schreibe immer die passende Mal-Aufgabe.

a) Alea

b) Jonas

4 Wie viele verschiedene Möglichkeiten haben die Kinder,
sich anzuziehen?

a) Mila

b) Henry

Einmaleins

Wie geht es weiter?

1

| 1 · 2 | 2 · 2 | ___ · 2 |

2

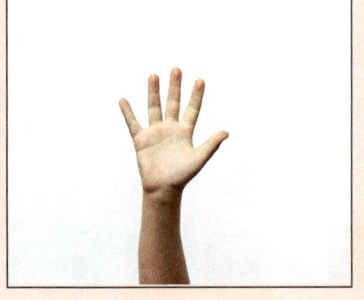 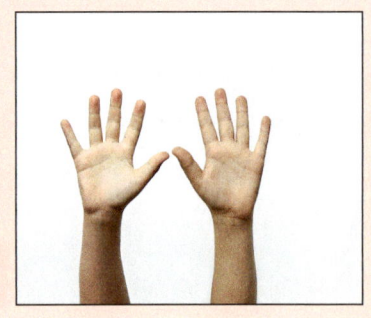 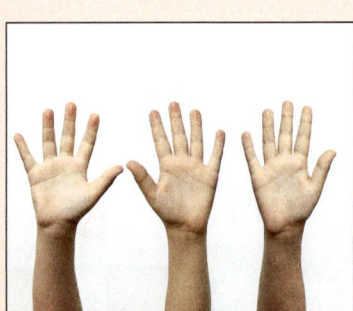

| 1 · 5 | ___ · 5 | ___ · 5 |

3

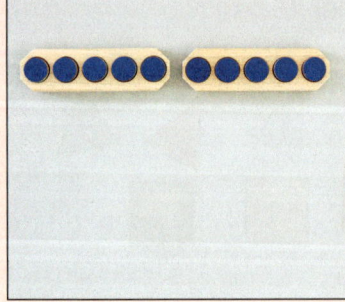 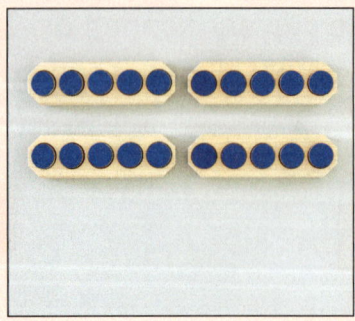 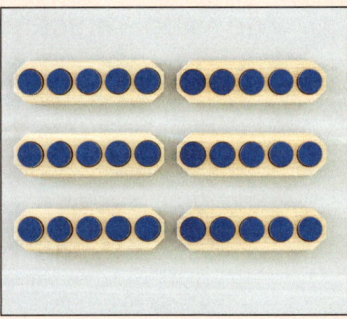

| 1 · 10 | ___ · 10 | ___ · 10 |

4

| 1 · 3 | ___ · 3 | ___ · 3 |

1 Zeigt und schreibt Mal-Aufgaben.

$1 \cdot 2 = \boxed{}$

Mein 1·1 -Heft

2

Kinder	1	2		4	5		7	8	9	
Schuhe	2		6			12				20

3 Welche Zahlen gehören zur Zweier-Reihe?
Schreibe die Mal-Augabe dazu.

7   14   1   8   15   2   9   16   3   20   10

Mein 1·1 -Heft

4   a) 2 · 2   b) 4 · 2   c) 6 · 2   d) 8 · 2
         3 · 2   5 · 2   7 · 2   9 · 2

5 Zeige die Aufgabe am Punktefeld. Schreibe auch die Tauschaufgabe auf.

3 · 2   2 · 3

a) 3 · 2   b) 7 · 2
c) 5 · 2   d) 8 · 2
e) 9 · 2   f) 4 · 2

6 In Zweier-Sprüngen vorwärts.

$2, \quad 4, \quad \boxed{}$

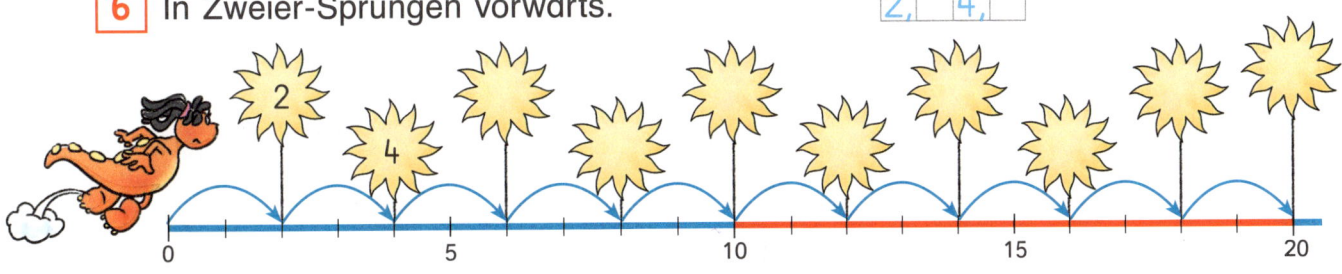

0   5   10   15   20

7 Wie oft ist Zahline gesprungen?

a) 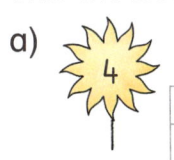 4

a) $\boxed{} \cdot 2 = 4$
$4 : 2 = \boxed{}$

b) 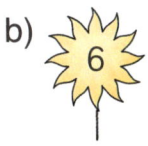 6   c)  12   d)  16   e)  14

Verdoppeln

1

Das Doppelte
von 7 ist 14.
2 · 7 = 14

Ich kaufe ein.

7 Stifte
5 Hefte
3 Pinsel
6 Schnellhefter

2 · 7 = ___
2 · 5 = ___
2 · 3 = ___
2 · 6 = ___

Wir kaufen von allem doppelt so viel.

___ Stifte
___ Hefte
___ Pinsel
___ Schnellhefter

2 Lege mit Plättchen. Dein Partner legt doppelt so viele Plättchen und nennt die Mal-Aufgabe. Wechselt euch ab.

3 Male in dein Heft. Schreibe die Mal-Aufgabe dazu.

a) Das Doppelte von 3.

2 · 3 = 6

b) Das Doppelte von 6.

c) Das Doppelte von 5.

d) Male eine eigene Aufgabe.

4 Wie heißt die passende Mal-Aufgabe? Rechne

a) das Doppelte von 4,   b) das Doppelte von 7,   c) das Doppelte von 9,

d) das Doppelte von 8,   e) das Doppelte von 10,   f) das Doppelte von 11,

g) das Doppelte von 20,   h) das Doppelte von 50,   i) das Doppelte von 25.

5 Schreibe immer beide Mal-Aufgaben auf.

a)   b)   c)

d)   e)

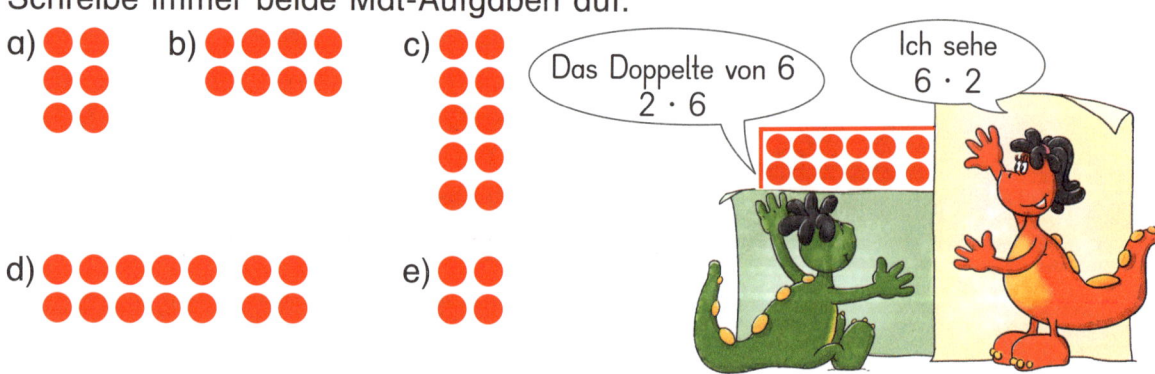

Das Doppelte von 6
2 · 6

Ich sehe
6 · 2

6 Schreibe zu jeder Aufgabe auch die Tauschaufgabe.

a) 5 · 2   b) 4 · 2   c) 7 · 2   d) 9 · 2

e) 2 · 3   f) 2 · 8   g) 2 · 10   h) 2 · 6

a)   5 · 2 = 10
      2 · 5 = 10

 **1**

Teilt gerecht.

Die **Hälfte**
von 6 ist 3.
6 : 2 = 3

Jeder bekommt
die Hälfte.

6 : 2 = ___
14 : 2 = ___
4 : 2 = ___
10 : 2 = ___

___ Äpfel
___ Jogurt
___ Milch
___ Orangen

2 Teile gerecht: die eine Hälfte bekommt Kamil, die andere Hälfte Erol.
Lege oder male.

a) 8 Plättchen

Erol	●	●	
Kamil	●		

8 : 2 = ___
___ für Erol.
___ für Kamil.

b) 12 Plättchen   c) 16 Plättchen   d) 20 Plättchen

3 Wie heißt die Geteilt-Aufgabe? Rechne

a) die Hälfte von   4,   b) die Hälfte von   8,   c) die Hälfte von 16,
d) die Hälfte von 12,   e) die Hälfte von   20,   f) die Hälfte von 22,
g) die Hälfte von 40,   h) die Hälfte von 100,   i) die Hälfte von 50.

 **4**

Das teilen wir uns.

0 : 2 = 0

HA HA!

5 Sprünge am Zahlenstrahl. Beginne immer bei Null. Wo landest du?

a) drei Fünfer-Sprünge   b) sechs Fünfer-Sprünge
c) neun Fünfer-Sprünge   d) zehn Fünfer-Sprünge

1 Zeigt und schreibt Mal-Aufgaben. $1 \cdot 10 = \boxed{}$

Mein 1·1 -Heft

2

Kinder	1		3	4		6		8		10
Finger		20			50		70		90	

3 a) 3 · 10   b) 4 · 10   c) 5 · 10   d) 0 · 10   e) 10 · 10
    2 · 10   6 · 10   7 · 10   8 · 10   9 · 10

Mein 1·1 -Heft

4

Hände	1		3	4		6		8		10
Finger		10			25		35		45	

5 a) 2 · 5   b) 3 · 5   c) 7 · 5   d) 10 · 5   e) 9 · 5
    6 · 5   5 · 5   4 · 5   8 · 5   0 · 5

6 Schreibe Mal-Aufgaben der Fünfer-Reihe und Zehner-Reihe dazu.

a) 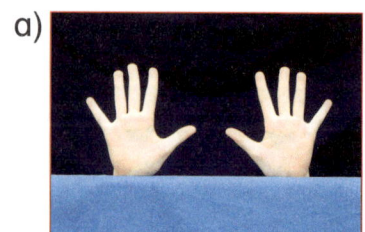   b)    c)

___ · 5 = 10   ___ · 5 = 30   ___ · 5 = 20

___ · 10 = 10   ___ · 10 = 30   ___ · 10 = 20

7 Denke an die Tauschaufgabe.
a) 10 · 6   b) 10 · 3   c) 10 · 5   d) 10 · 7   e) 10 · 8
    5 · 6   5 · 3   5 · 5   5 · 7   5 · 8

f) Finde ein weiteres Päckchen. Was fällt dir auf?

8 Welche Zahl ist es? Sie gehört zur Fünfer-Reihe aber nicht zur Zehner-Reihe. Sie ist größer als 30 und kleiner als 45.

9 Erfinde ein eigenes Zahlenrätsel.

1 In Zehner-Sprüngen vorwärts.

10, 20,

2 Wie oft ist Zahlix gesprungen?

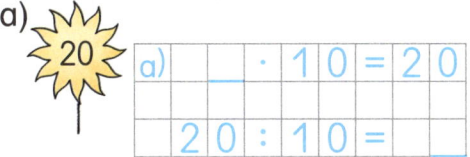

a) ☐ · 1 0 = 2 0

2 0 : 1 0 = ☐

b) 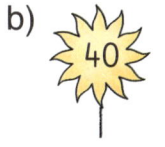 c) 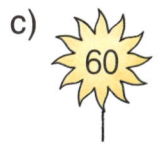 d)  e)

3 a) 10 : 10   b) 50 : 10   c) 20 : 10   d) 80 : 10   e) 100 : 10
    30 : 10   70 : 10   40 : 10   90 : 10   0 : 10

4 In Fünfer-Sprüngen vorwärts.

5, 10,

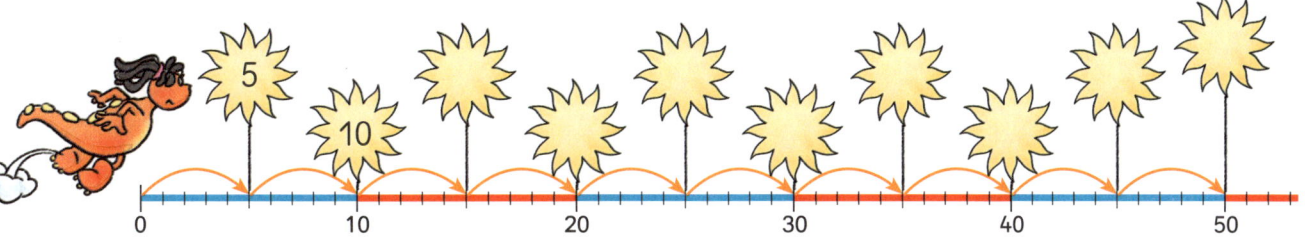

5 Wie oft ist Zahline gesprungen?

a) ☐ · 5 = 1 5

1 5 : 5 = ☐

b) 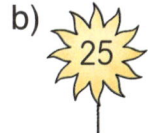 c) 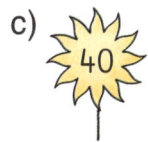 d)  e)

6 a) 20 : 5   b) 40 : 5   c) 50 : 5   d) 10 : 5   e) 30 : 5
    10 : 5   20 : 5   25 : 5   5 : 5   15 : 5

7 Vergleiche die Sprünge von Zahlix und Zahline. Was fällt dir auf?

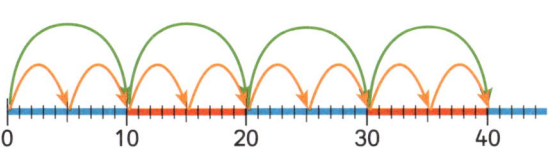

Ich bin bei 40 gelandet.

Ich auch!

8 a) 40 : 10   b) 30 : 10   c) 50 : 10   d) 10 : 10   e) 20 : 10
    40 : 5   30 : 5   50 : 5   10 : 5   20 : 5

f) Betrachte die Ergebnisse. Was fällt dir auf?

1 a) Trage die Ergebnisse in deine Einmaleins-Tafel ein:
   3 · 2   4 · 2   7 · 2

   b) Trage auch die restlichen Zahlen der Zweier-Reihe ein.

2 a) Trage die Ergebnisse in deine Einmaleins-Tafel ein:
   2 · 3   2 · 4   2 · 7

   b) Trage auch die Ergebnisse der restlichen Tauschaufgaben ein.

3 a) Trage die Fünfer-Reihe in deine Einmaleins-Tafel ein.
   b) Trage auch die Ergebnisse der Tauschaufgaben ein.

Ich habe auch die Einer-Reihe eingetragen.

4 a) Trage die Zehner-Reihe in deine Einmaleins-Tafel ein.
   b) Trage auch die Ergebnisse der Tauschaufgaben ein.

5 Lege ein Plättchen auf ein Ergebnis in deiner Einmaleins-Tafel. Dein Partner nennt die Aufgabe und das Ergebnis. Wechselt euch ab.

6 a) 2 · 3   b) 2 · 4   c) 2 · 6   d) 2 · 8
      5 · 3   5 · 4   5 · 6   5 · 8
     10 · 3   10 · 4   10 · 6   10 · 8

7 a) ___ · 2 = 6   b) ___ · 5 = 20   c) ___ · 3 = 15   d) ___ · 4 = 40
      ___ · 2 = 10   ___ · 5 = 30   ___ · 3 = 3   ___ · 4 = 20
      ___ · 2 = 16   ___ · 5 = 45   ___ · 3 = 6   ___ · 4 = 4

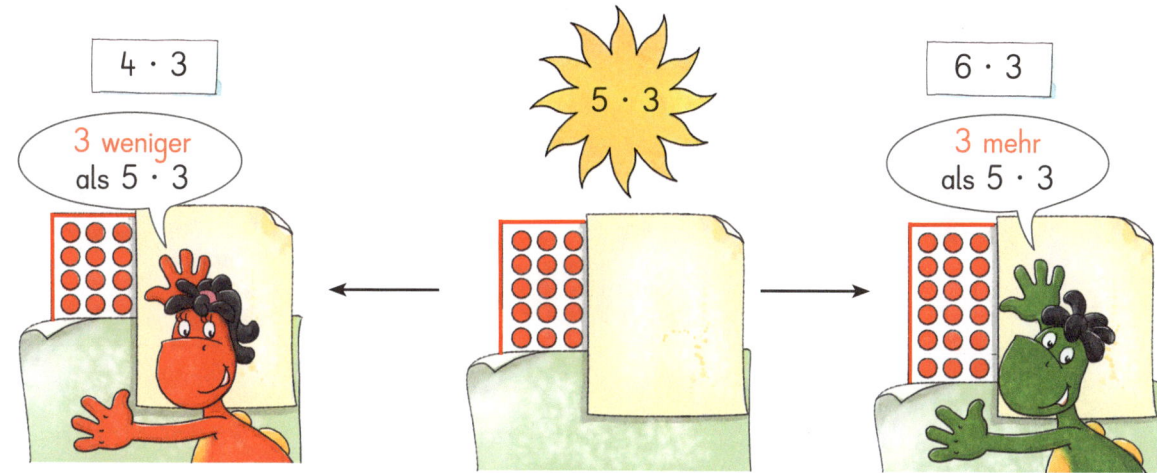

1 Löse die Sonnen-Aufgaben und die Nachbaraufgaben.

a) 5 · 7
4 · 7
6 · 7

b) 5 · 4
4 · 4
6 · 4

2 Zeige am Punktefeld, löse die Sonnen-Aufgaben und die Nachbaraufgaben.

a) 5 · 3
4 · 3
6 · 3

b) 5 · 8
4 · 8
6 · 8

c) 5 · 6
4 · 6
6 · 6

d) 5 · 5
4 · 5
6 · 5

e) 5 · 9
4 · 9
6 · 9

3 a) 2 · 3
3 · 3

b) 2 · 6
3 · 6

c) 2 · 4
3 · 4

d) 2 · 7
3 · 7

e) 2 · 8
3 · 8

4 a) 10 · 3
9 · 3

b) 10 · 6
9 · 6

c) 10 · 4
9 · 4

d) 10 · 8
9 · 8

e) 10 · 9
9 · 9

5 Welche Sonnen-Aufgabe nutzt du?

a) 6 · 7
4 · 7

b) 6 · 4
4 · 4

c) 6 · 8
4 · 8

d) 6 · 9
4 · 9

e) 6 · 6
4 · 6

f) 3 · 4
9 · 4

g) 3 · 6
9 · 6

h) 3 · 7
9 · 7

i) 3 · 8
9 · 8

·	1	2	3	4	5	6	7	8	9	10
1										
2										
3										
4										
5										
6										
7										
8										
9										
10										

6 Trage die Nachbaraufgaben
zu den Sonnenaufgaben
in deine Einmaleins-Tafel ein. Was fällt dir auf?

Nach dieser Seite empfiehlt sich Diagnosetest D12.

1

1 · 4 = ___
___ Räder sind es.

2 · 4 = ___
___ Räder sind es.

3 · 4 = ___
___ Räder sind es.

Mein
1·1
-Heft

2

Autos	1	2		4		6	7		9	
Räder	4		12		20			32		40

3 Zeige am Punktefeld eine Mal-Aufgabe der Vierer-Reihe.
Dein Partner schreibt die Aufgabe und die Tauschaufgabe auf.
Wechselt euch ab.

4 Zeige am Punktefeld die Mal-Aufgabe.
Dein Partner nennt das Ergebnis.
Wechselt euch ab.

a) 6 · 4　　　b) 10 · 4　　c) 8 · 4　　　d) 7 · 4
e) 3 · 4　　　f)　5 · 4　　g) 4 · 4　　　h) 0 · 4

5 Welche Zahlen gehören zur Vierer-Reihe? Schreibe die Mal-Aufgabe dazu.

8　　　10　　　12　　　15　　　20　　　24　　　28　　　30　　　32　　　35

6 Von den Sonnen-Aufgaben zu den Nachbaraufgaben.
Welche Sonnen-Aufgabe nutzt du?

a) 6 · 4　　　　b) 4 · 4　　　　c) 9 · 4　　　　d) 3 · 4

7 An sechs Autos müssen die Reifen
gewechselt werden.
Schreibe Frage (F), Lösung (L)
und Antwort (A) auf.

F Wie viele Reifen müssen
gewechselt werden?

L ...

A ___ Reifen müssen
gewechselt werden.

8 Familie Schulte muss für zwei Autos neue Winterreifen bestellen.
Schreibe Frage (F), Lösung (L) und Antwort (A) auf.

1 In Vierer-Sprüngen vorwärts.

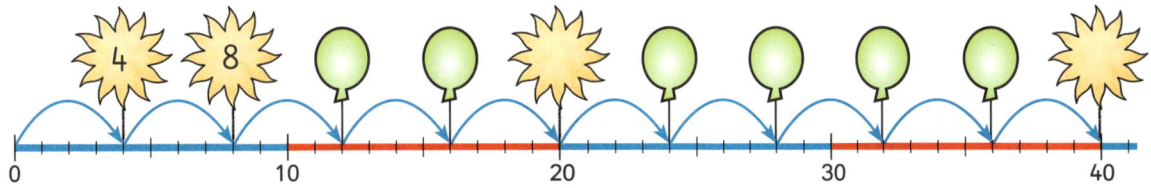

2 Wie viele Vierer-Sprünge sind es?

a)

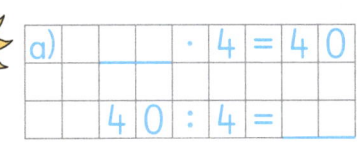

a) ⬚ · 4 = 4 0
40 : 4 =

b)

c)

d)

e)

3
a) 8 : 4
16 : 4

b) 12 : 4
28 : 4

c) 40 : 4
32 : 4

d) 20 : 4
0 : 4

e) 36 : 4
24 : 4

4
a) 20 : 4
24 : 4
28 : 4

b) 16 : 4
12 : 4
8 : 4

c) 24 : 4
32 : 4
40 : 4

d) 36 : 4
28 : 4
20 : 4

e) 0 : 4
20 : 4
40 : 4

5 a) Schau dir jedes Päckchen in Aufgabe 4 an. Zu welcher Regel passt es?

A: Erste Zahl immer 8 weniger, Ergebnis immer 2 weniger.

B: Erste Zahl immer 4 mehr, Ergebnis immer 1 mehr.

C: Erste Zahl immer 4 weniger, Ergebnis immer 1 weniger.

b) Finde auch die Regeln für die anderen Päckchen.

6 a) Es sind 20 Kinder. Immer vier Kinder sind in einer Gruppe.

F Wie viele Gruppen sind es?

L 20 : 4 = ___

A ___ Gruppen sind es.

b) Es sind 24 Kinder. Immer vier Kinder sind in einer Gruppe.

c) Es sind 16 Kinder. Immer vier Kinder sind in einer Gruppe.

7 Zahlix macht Vierer-Sprünge. Zahline macht Zweier-Sprünge.
Vergleiche die Sprünge von Zahlix
und Zahline.
Was fällt dir auf?

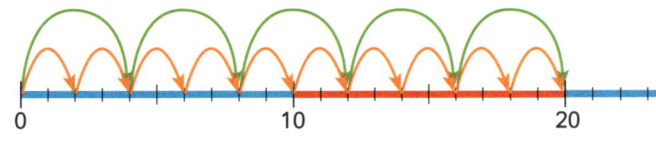

Ich bin bei 20 gelandet.

Ich auch!

1

1 · 8 = ___
___ Beine sind es.

2 · 8 = ___
___ Beine sind es.

3 · 8 = ___
___ Beine sind es.

Mein 1·1 -Heft

2

Spinnen	1	2		4		6	7		9	
Beine	8		24		40			64		80

3 Welche Zahlen gehören zur Achter-Reihe? Schreibe die Mal-Aufgabe dazu.

16   28   32   48   54   56   60   64   72

4 a) Trage die noch fehlenden Ergebnisse der Achter-Reihe
in deine Einmaleins-Tafel ein.

b) Trage auch die Ergebnisse der Tauschaufgaben ein.

5 Von den Sonnen-Aufgaben zu den Nachbaraufgaben.
Welche Sonnen-Aufgabe nutzt du?

a) 6 · 8   b) 4 · 8   c) 9 · 8   d) 3 · 8

6 Wie rechnest du?

a) 6 · 8
b) 9 · 8
c) 7 · 8

8 ... 16 ... 24 ... 32 ... 40 ... 48

Sonnen-Aufgabe 5 · 8 = 40, dann 8 mehr.

Tauschaufgabe 8 · 6 = 48

48 Ich weiß das schon.

6 · 8

Leon   Jan   Max   Julia

7 Beim Schulfest gibt es eine Vorführung mit Inlinern.
Leon, Jan und Julia brauchen dafür neue Rollen für ihre Inliner.
Schreibe Frage (F), Lösung (L) und Antwort (A) auf.

F
L
A

1 In Achter-Sprüngen vorwärts. 　8,　16,

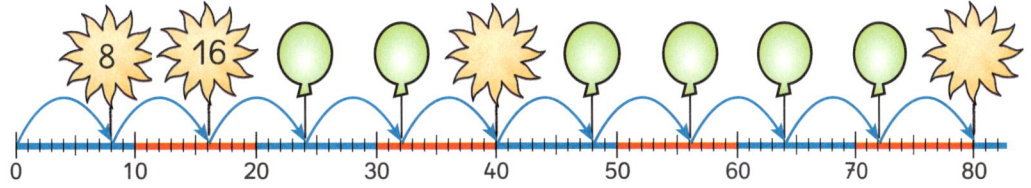

2 Wie viele Sprünge sind es?

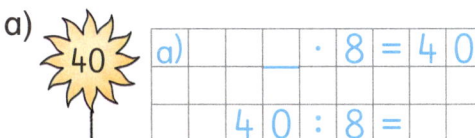

a)		·	8	=	4	0
	4	0	:	8	=	

b)  　 c)  　 d) 32 　 e)

3 a) 16 : 8 　　　 b) 80 : 8 　　　 c) 40 : 8 　　　 d) 56 : 8 　　　 e) 　8 : 8
　　 24 : 8 　　　　 72 : 8 　　　　 32 : 8 　　　　 64 : 8 　　　　 48 : 8

4 Schreibe Frage (F), Lösung (L) und Antwort (A) auf.
　 a) Es sind 32 Kinder. Immer acht Kinder sind in einer Gruppe.
　 b) Es sind 24 Kinder. Immer acht Kinder sind in einer Gruppe.
　 c) Es sind 64 Kinder. Immer acht Kinder sind in einer Gruppe.

5 Zahlix macht Achter-Sprünge. Zahline macht Vierer-Sprünge.
Die Maus macht Zweier-Sprünge.
Vergleiche die Sprünge. Was fällt dir auf?

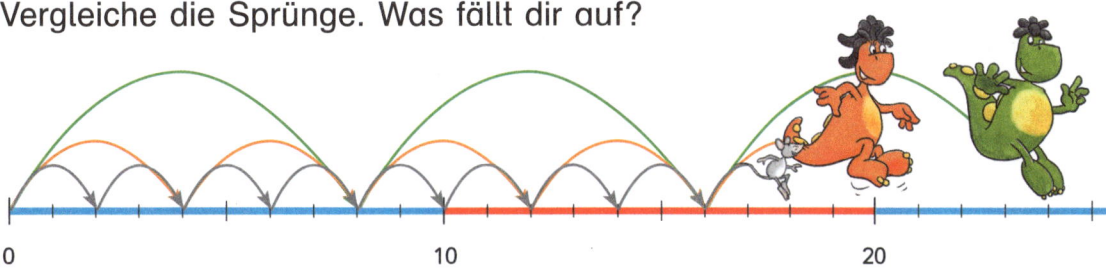

6

a) Welche Zahlen gehören zur Vierer-Reihe und liegen zwischen 30 und 40?

b) Welche Zahl liegt zwischen 50 und 60 und gehört zur Achter-Reihe?

c) Welche Zahlen der Vierer-Reihe gehören auch zur Zehner-Reihe?

d) Welche Zahlen gehören zur Vierer-Reihe und Achter-Reihe?

e) Welche Zahl der Achter-Reihe gehört auch zur Fünfer-Reihe?

f) Erfindet selbst Rätsel zur Vierer-Reihe oder Achter-Reihe.

Malduin

Drei Zahlen im Kopf,
vier Aufgaben im Bauch:
zwei Mal-Aufgaben,
zwei Geteilt-Aufgaben.

a)

	5	·	8	=	4	0
		8	·	5	=	4	0
	4	0	:	8	=		5
	4	0	:	5	=		8

$5 \cdot 8 = 40$
$8 \cdot 5 = 40$
$40 : 8 = 5$
$40 : 5 = 8$

1 Wie heißen die vier Aufgaben im Bauch?

a)

b)

2 Hier fehlt eine Zahl im Ohr.
Schreibe die vier Aufgaben auf.

a)  b)  c)  d)

3 Hier fehlen zwei Zahlen in den Ohren.

a)  b)

5 a) Ein besonderer Malduin:
Er ist kleiner. Wieso?

4 Wie viele Malduine mit 24 im Mund
findest du?

b) Finde weitere
kleine Malduine.

6 Welcher Malduin ist es?

a) In den Ohren ist
eine Zahl doppelt
so groß wie die
andere. Die Zahl im
Mund liegt zwischen
20 und 40.

b) Die Zahlen in den
Ohren sind gleich.
Die Zahl im Mund
liegt zwischen
10 und 20.

c)
Die Zahl im Mund
liegt zwischen
10 und 20. In den
Ohren ist eine Zahl
um 1 größer als
die andere.

1

Autos	1		3	4		6		8	9
Räder	4	8			20		28		40

2 Von Sonnen-Aufgaben zu Nachbaraufgaben.

a) ☀ 5 · 3
      4 · 3

b) ☀ 10 · 4
       9 · 4

3 a) Wie viele Fünfer-Sprünge?

 30 : 5

b) Wie viele Vierer-Sprünge?

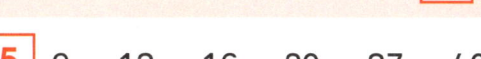

4 8 12 15 24 30 56

Welche Zahlen gehören zur Achter-Reihe?
Schreibe jeweils eine Mal-Aufgabe dazu.

5 9 12 16 20 27 40

Welche Zahlen gehören zur Vierer-Reihe?
Schreibe jeweils eine Geteilt-Aufgabe dazu.

6 Denke an die Tauschaufgabe.

a) 2 · 6   b) 4 · 7
    5 · 8   4 · 8

7 a) 12 : 2   b) 16 : 8
    15 : 5   36 : 4
    16 : 4   40 : 5

8 Drei Autos brauchen neue Reifen.

F Wie viele Reifen werden gebraucht?

L

A

9 Herr Krause hat 20 Reifen gewechselt.

F Wie viele Autos haben neue Reifen bekommen?

L

A

Kopiervorlage auf DVD Digitale Lehrermaterialien 2 oder als Download
Nach dieser Seite empfiehlt sich Diagnosetest D13.

85

Längen

1 a) Ordne die Kinder nach der Größe.

b) Wer ist am größten, wer am kleinsten?

c) Vergleicht in eurer Tischgruppe, in eurer Klasse.

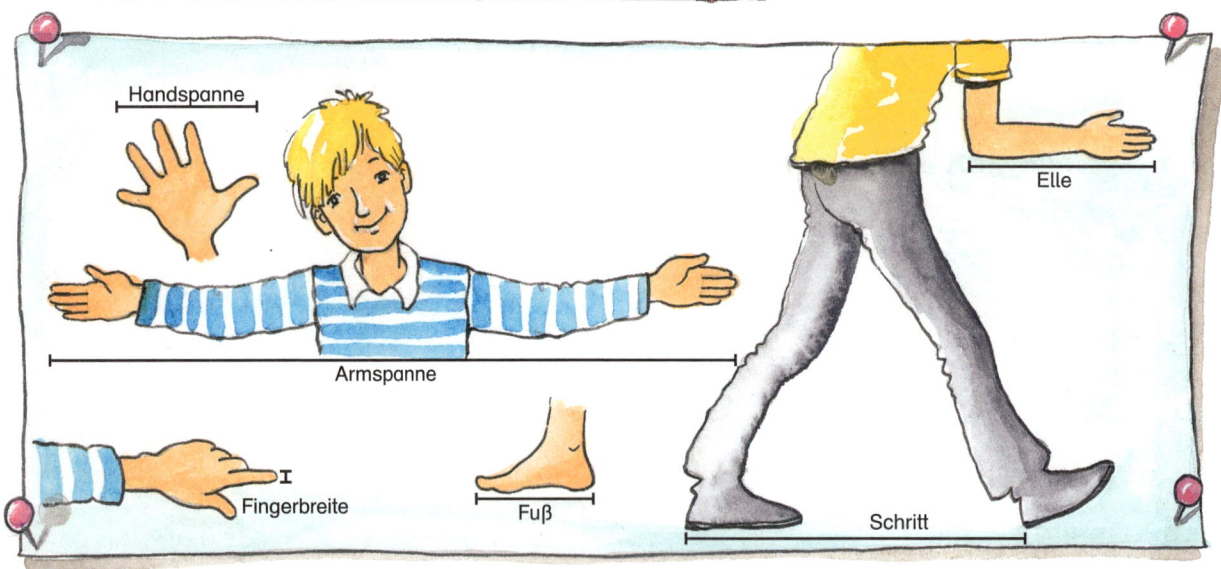

2 Messt. Wählt dafür ein geeignetes Körpermaß.

a) Länge des Lesebuches

b) Länge des Radiergummis

c) Eure Körpergröße

d) Höhe der Tafel

3 Wie viele Füße sind es? Schätze zuerst.

a) Breite des Flurs

b) Breite der Tür

c) Breite des Klassenzimmers

d) Vergleiche mit deinem Partner.

4 Was fällt dir auf?
Breite des Klassenzimmers:

	in Füßen
Robin	35
Sara	28
Kai	32
Lea	30

5 Vergleicht eure Körpermaße.
Wer hat die größere Armspanne?
Wer hat längere Füße?
Wer hat …

1 Wie lang ist der Bleistift? Wie viele Zentimeter sind es?

2 Wie viele Zentimeter sind es? Schätze zuerst. Dann miss mit einem Lineal.

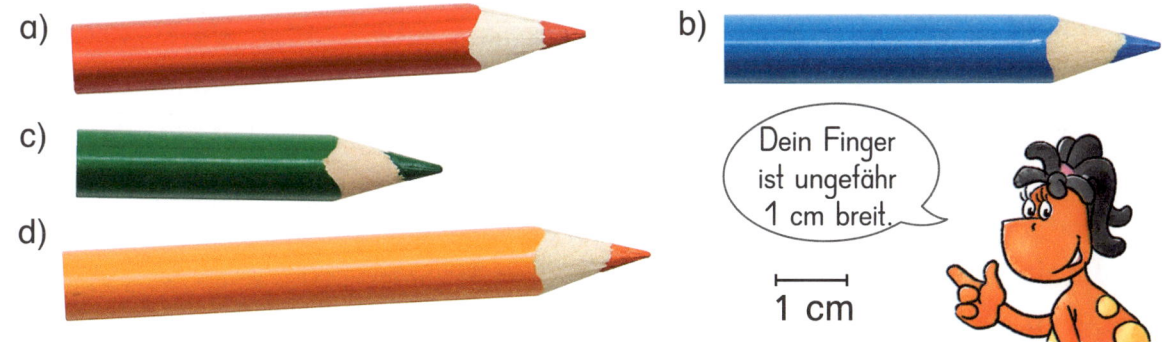

a)

b)

c)

d)

Dein Finger ist ungefähr 1 cm breit.

1 cm

3 Wie viele Zentimeter sind es? Schätze zuerst, dann miss die Länge mit deinem Lineal: Bleistift, Fußlänge, Handspanne, Nagel, Radiergummi. Berechne den Unterschied.

	geschätzt	gemessen	Unterschied
Bleistift	cm		
Fußlänge			
Handspanne			

4 Miss die Länge jeder Strecke.   a) 7 cm

a) ⊢————————————⊣   b) ⊢——————————————————⊣

c) ⊢—————⊣   d) ⊢———————————————⊣

5 Wie lang sind die Strecken aus Aufgabe 4 zusammen?

6 Zeichne die Strecken mit Bleistift und Lineal in dein Heft.

a) 4 cm   b) 8 cm   c) 10 cm   d) 14 cm

e) 1 cm   f) 6 cm   g) 15 cm   h) 12 cm

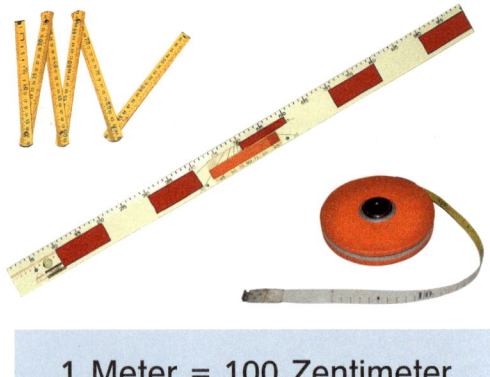

1 Meter = 100 Zentimeter
1 m = 100 cm

1 Zeichnet oder schreibt auf, was alles ungefähr 1 Meter lang, breit oder hoch ist.

2 Zeichnet Strecken auf dem Schulhof.

1 m   2 m   3 m   ...   10 m   12 m

3 Mache große Schritte. Dein Partner misst.
Wechselt euch ab.

a) Macht fünf große Schritte. Kommt ihr 5 m weit?

b) Macht zehn große Schritte. Kommt ihr 8 m weit?

c) Wie viele Schritte braucht ihr für 10 m?

4 Wie viele Meter sind es? Schätzt zuerst, dann messt.

a) Länge und Breite des Klassenzimmers

b) Höhe und Breite der Tür

c) Länge und Breite eures Tisches

5 Setze ein: m oder cm.

a) Das Mathebuch ist 30 ___ lang.   d) Die Tür ist 2 ___ hoch.

b) Der Bus ist 12 ___ lang.   e) Das Handy ist 12 ___ lang.

c) Der Turnschuh ist 25 ___ lang.   f) Das Fußballfeld ist 100 ___ lang.

6 Erfinde eigene Aufgaben wie in Aufgabe 5.

7 Lea kommt mit zwei Schritten ungefähr einen Meter weit.

a) Wie weit kommt sie mit 4, 10, 50 Schritten?

b) Wie viele Schritte braucht sie für 50 m, wie viele für 100 m?

1

Körpergröße					
Tim	1	m	2	3	cm
Lina	1	m	3	4	cm
Alina	1	m	1	5	cm
Max					

Max, du bist 1 Meter und 29 Zentimeter groß.

a) Wie groß ist Max?

b) Wie heißt das größte Kind?

c) Welches Kind ist am kleinsten?

d) Wie viele Zentimeter ist Lina größer als Alina?

2 Messt die Körpergröße der Kinder in eurer Tischgruppe.

a) Welches Kind ist am kleinsten?

b) Wie groß bist du?

c) Welches Kind ist am größten?

d) Vergleicht mit den anderen Tischgruppen.

3 Ergänze zu 1 m.

a) 50 cm $+$ 50 cm $=$ 1 m

a) 50 cm
70 cm
10 cm

b) 95 cm
15 cm
45 cm

c) 99 cm
88 cm
77 cm

d) 64 cm
19 cm
32 cm

4 Lina ist 1 m und 34 cm groß. Ihr Vater ist genau 2 m groß. Wie viele Zentimeter ist Lina kleiner als ihr Vater?

5 Herr Schust ist 1 m und 80 cm groß. Sein Sohn ist halb so groß.

a) Wie groß ist sein Sohn?

b) Ist sein Sohn zwei oder acht oder 20 Jahre alt?

6 Der größte Mann der Welt hieß Robert. Er war 2 m und 72 cm groß. Die kleinste Frau der Welt hieß Pauline. Sie war 61 cm groß.

a) Wie viel größer war Robert als Pauline?

b) Wie viel größer war Robert als du?

c) Wie viel kleiner war Pauline als du?

d) Wie groß ist der größte Mensch, den du kennst?

Ebene Figuren

1 Sortiere die Formen. Auf welches Plakat gehören sie?

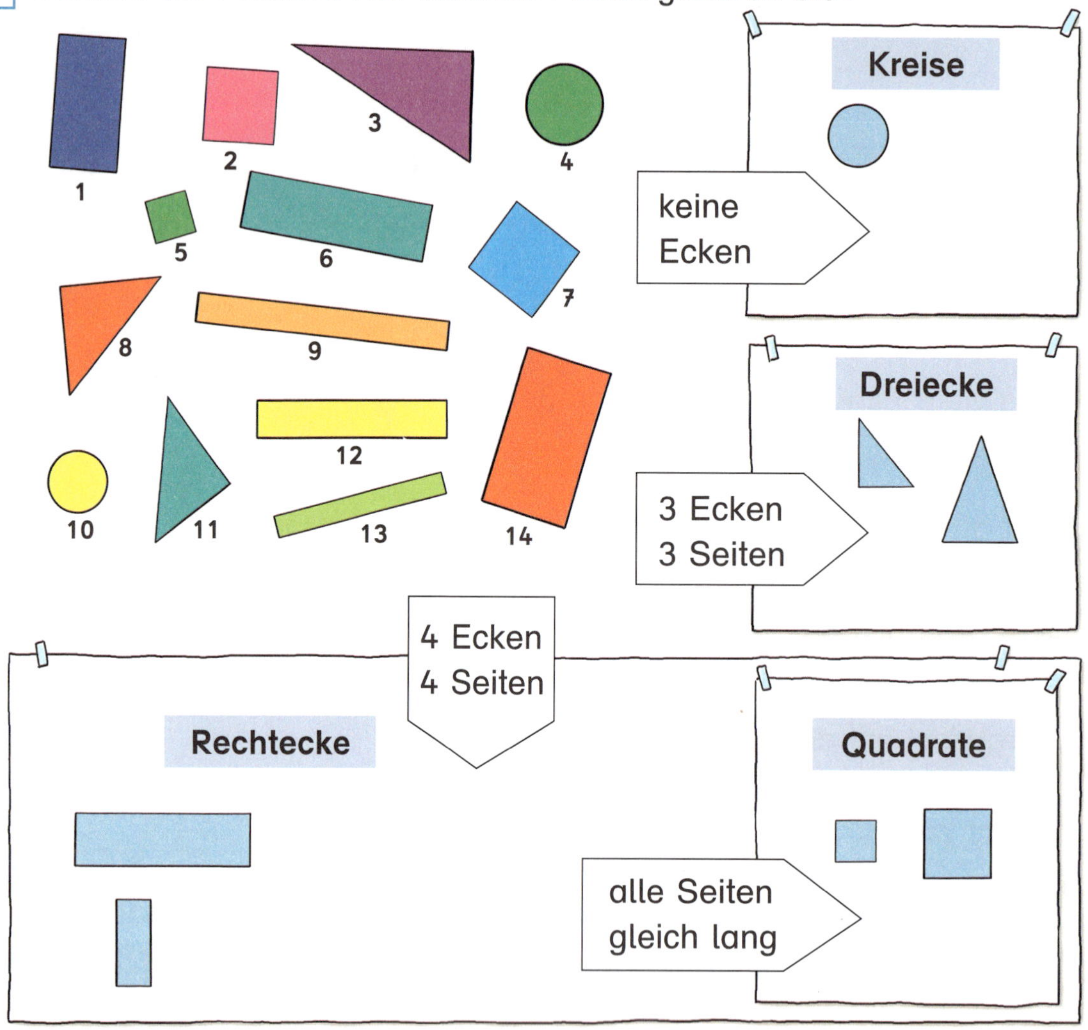

Kreise

keine Ecken

Dreiecke

3 Ecken
3 Seiten

4 Ecken
4 Seiten

Rechtecke

Quadrate

alle Seiten gleich lang

2 Gestaltet selbst Plakate. Schreibt den passenden Satz dazu.

Kreise haben ___ Ecken.

Dreiecke haben ___ Ecken und ___ Seiten.

Rechtecke haben ___ Ecken und ___ Seiten.

Quadrate sind besondere Rechtecke, denn alle Seiten sind .... lang.

3 Welche Formen passen nicht? Warum?

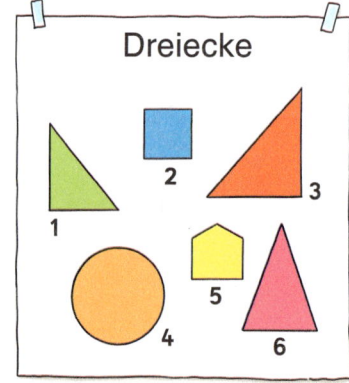

Dreiecke

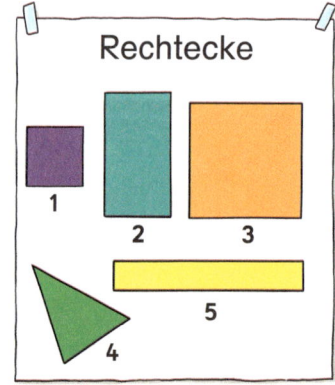

Rechtecke

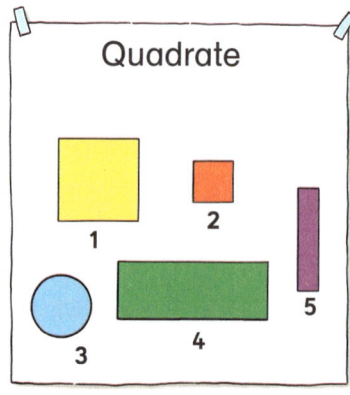

Quadrate

  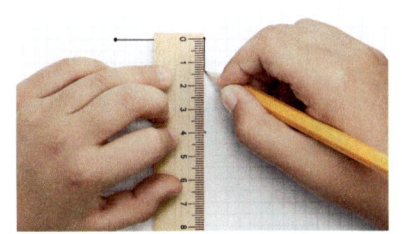

1 Zeichne ein Quadrat.
  a) Beginne mit den Punkten,
     immer acht Kästchen Abstand.
     Das sind die vier Ecken des Quadrats.

  b) Verbinde die Punkte.
     Das sind die vier Seiten des Quadrats.

2 Zeichne verschiedene Quadrate.

3 Zeichne.

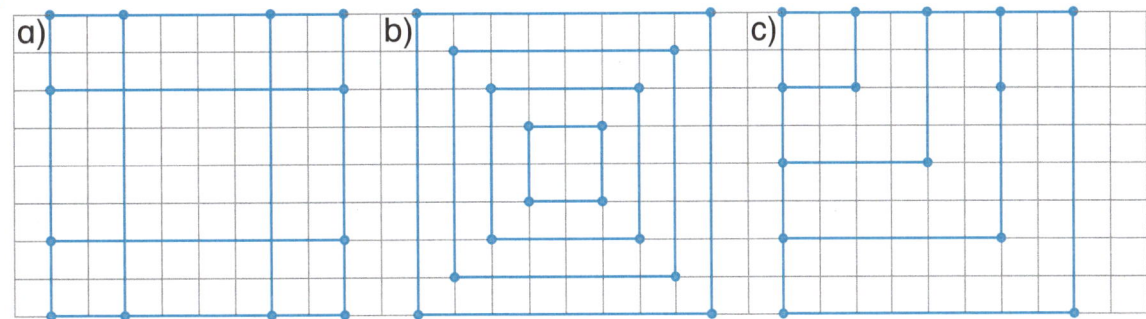

4 Zeichne. Wie viele Rechtecke sind es? Wie viele davon sind Quadrate?

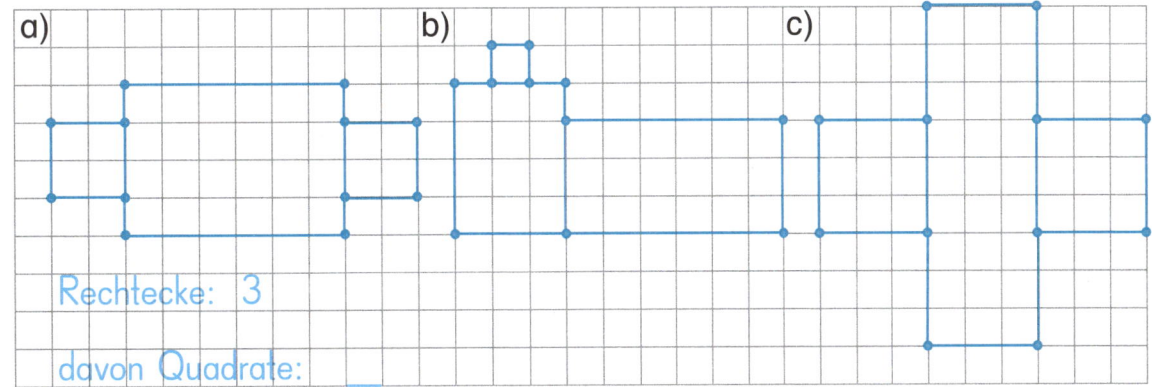

Rechtecke: 3

davon Quadrate: ___

5 Kannst du auch diese Figuren zeichnen?

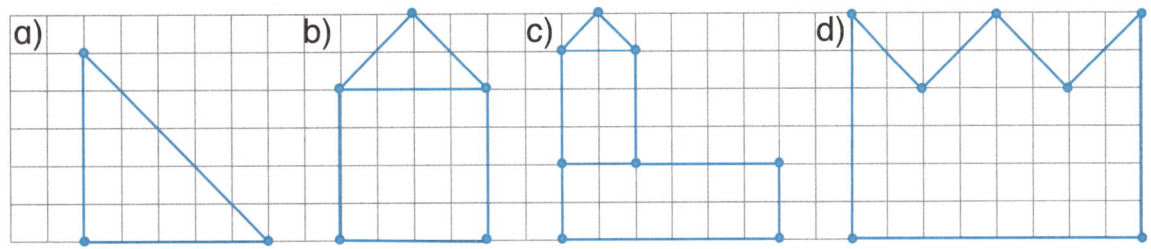

1

Spanne eigene Figuren.

2 Spanne die Figur nach.

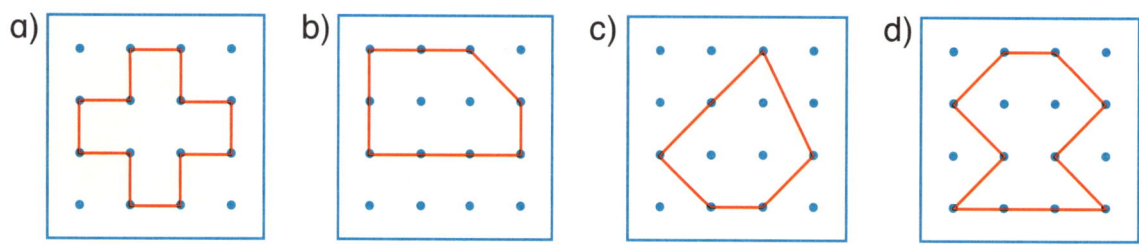

a) b) c) d)

3 Spanne selbst eine Figur. Dein Partner spannt sie nach. Wechselt euch ab.

4 Spannt auf dem Geobrett das große Quadrat.
Dann spannt um. Wechselt euch ab.

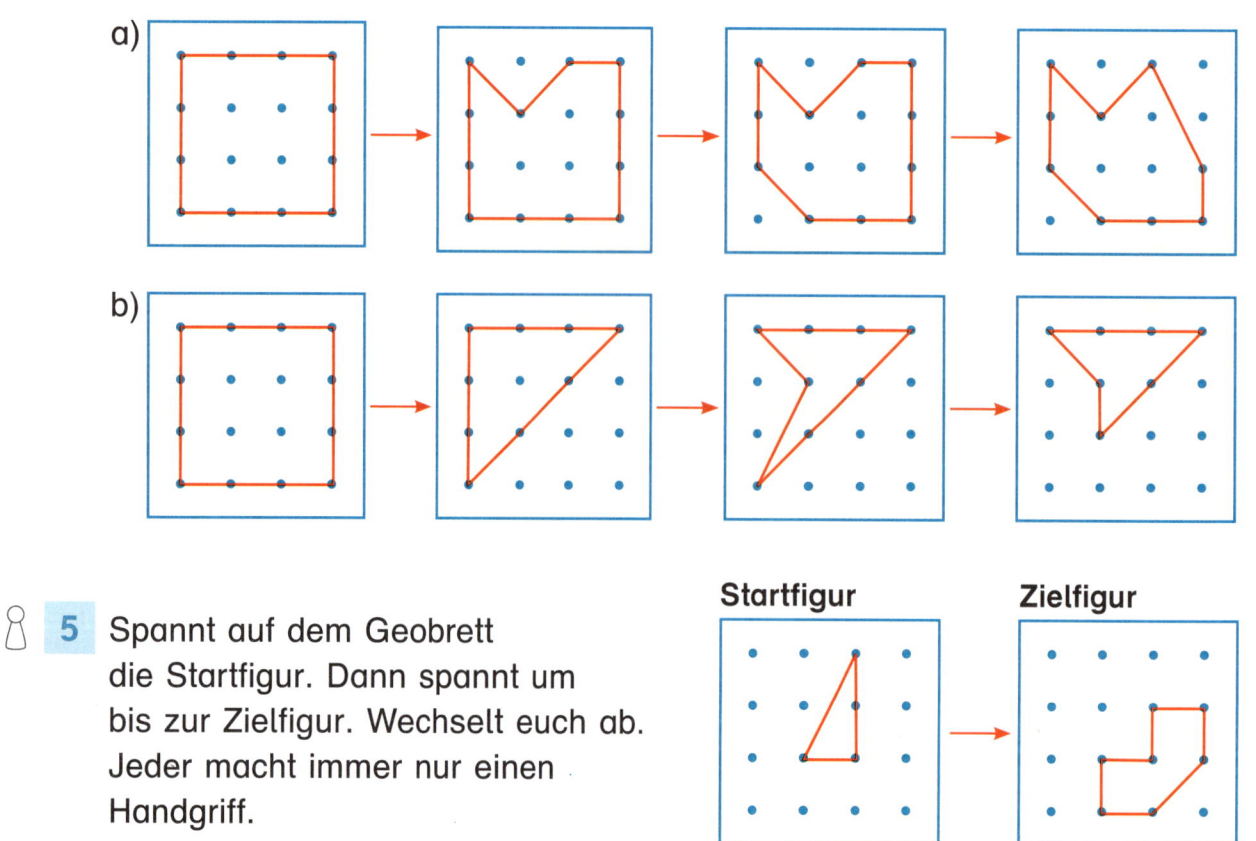

a)

b)

5 Spannt auf dem Geobrett
die Startfigur. Dann spannt um
bis zur Zielfigur. Wechselt euch ab.
Jeder macht immer nur einen
Handgriff.

Startfigur   Zielfigur

6 Spanne eine Startfigur, dein Partner spannt mit einem zweiten Gummiband
eine Zielfigur. Dann spannt um von der Startfigur zur Zielfigur.
Wechselt euch ab. Jeder macht immer nur einen Handgriff.

1 Spanne das Dreieck nach. Zeichne wie Zahline.

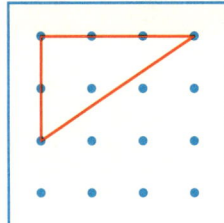 

Zeichne zuerst alle 16 Punkte des Geobretts und dann das Dreieck mit dem Lineal.

2 a) Spanne diese Dreiecke nach. Zeichne wie Zahline.

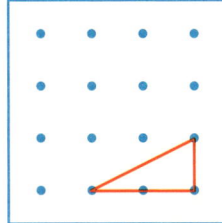 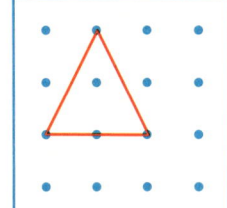 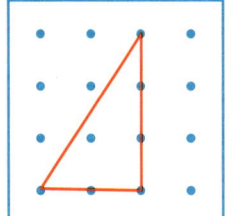 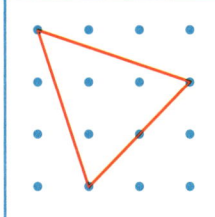

b) Finde weitere Dreiecke. Zeichne.

3 a) Spanne diese Rechtecke nach. Zeichne.

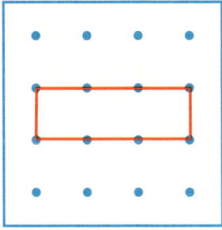 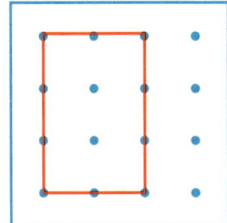 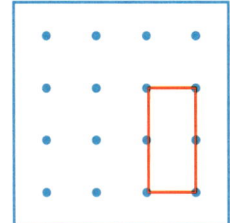 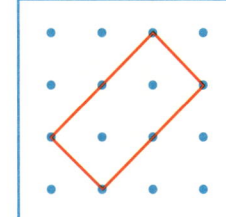

b) Finde weitere Rechtecke. Zeichne.

4 a) Spanne diese Quadrate nach. Zeichne.

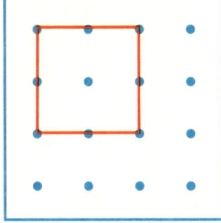 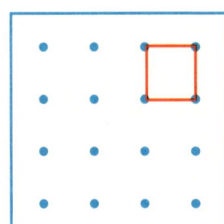 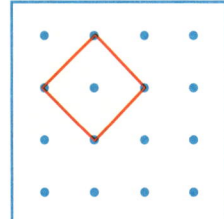 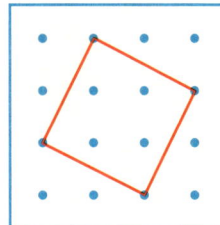

b) Finde weitere Quadrate. Zeichne.

5 Spanne mit einem Gummiband. Zeichne deine Lösung.

a) Spanne das größte Quadrat.

b) Spanne das kleinste Dreieck.

c) Spanne ein großes Fünfeck.

6 Spanne mit zwei Gummibändern. Zeichne deine Lösung.

a) Spanne zwei Quadrate, die sich nicht berühren.

b) Spanne ein Quadrat und ein doppelt so großes Rechteck. Beide sollen sich nicht berühren.

Es gibt verschiedene Lösungen.

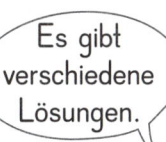

Nach dieser Seite empfiehlt sich Diagnosetest D14.

Weiter im Einmaleins

1 · 1 = ___
bellt der Dackel Heinz.

2 · 2 = ___
pfeift das Murmeltier.

3 · 3 = ___
Panda kann sich freu'n.

4 · 4 = ___
Grabi kann das
schlecht seh'n.

5 · 5 = ___
Jumbo frisst sie
und entspannt sich.

6 · 6 = ___
Biene Maja
rechnet fleißig.

7 · 7 = ___
Das Huhn meint fünfzig,
doch es irrt sich.

8 · 8 = ___
merkt Piccolo,
der Specht, sich.

9 · 9 = ___
denkt der Uhu
in der Nacht sich.

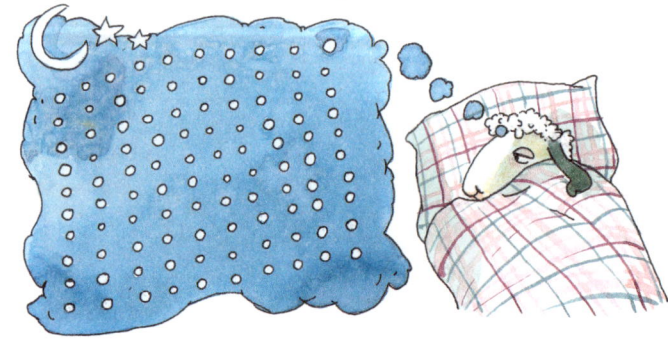

10 · 10 = ___
Nur das Schaf
schaut noch verwundert.

1 Quadratzahlen und Quadrate.
Zeige ein Quadrat am Punktefeld.
Dein Partner sagt die Aufgabe
und die Quadratzahl.

Auch das sind Sonnen-Aufgaben.

2 Welche Zahlen sind Quadratzahlen?
Schreibe die Mal-Aufgabe dazu.

16   25   30   36   49   50   67

Sonnen-Aufgaben

3 Welche Quadratzahlen stehen schon in der Einmaleins-Tafel?
Welche fehlt noch? Trage sie ein.

4 Von Sonnen-Aufgaben zu Nachbaraufgaben.

a) 6 · 6   b) 7 · 7   c) 8 · 8   d) 9 · 9   e) 8 · 8
   7 · 6   8 · 7   7 · 8   8 · 9   9 · 8

5 Welche Sonnen-Aufgabe nutzt du?

a) 6 · 7   b) 7 · 8   c) 9 · 8   d) 8 · 7   e) 8 · 9

6 Welche Quadratzahl ist es? Schreibe die Mal-Aufgabe dazu.

a) Sie liegt zwischen 10 und 20.	b) Sie liegt zwischen 30 und 40.	c) An einer Stelle hat sie eine 5.
d) An einer Stelle hat sie eine 8.	e) Sie liegt zwischen 60 und 70.	f) Sie hat zwei Nullen.
g) Sie ist die größte einstellige Quadratzahl.		h) Sie hat 4 Zehner.

7 a) 3 · 3 + 1   b) 4 · 4 + 4   c) 2 · 2 + 6   d) 1 · 1 + 9
      7 · 7 + 1   6 · 6 + 4   8 · 8 + 6   9 · 9 + 9

e) Was fällt dir auf? Das Ergebnis ist immer eine Zahl der ＿＿＿-Reihe.

8 Male in dein Heft. Setze das Muster noch zweimal fort.

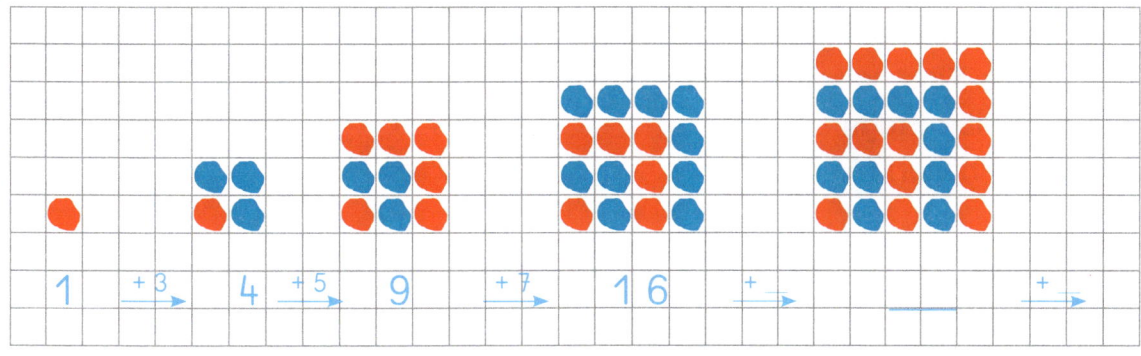

1

1 · 3 = ___   2 · 3 = ___   3 · 3 = ___
___ Löwen sind es.   ___ Löwen sind es.   ___ Löwen sind es.

Mein
1·1
-Heft

2

Wappen	1			4	5	6			9	
Löwen	3	6	9				21	24		30

3 Zeige am Punktefeld eine Mal-Aufgabe
der Dreier-Reihe. Dein Partner schreibt die Aufgabe
und die Tauschaufgabe auf. Wechselt euch ab.

4 Zeige am Punktefeld die Mal-Aufgabe.
Dein Partner nennt das Ergebnis.
Wechselt euch ab.

a) 6 · 3   b) 4 · 3   c) 7 · 3   d) 8 · 3
e) 3 · 3   f) 1 · 3   g) 0 · 3   h) 5 · 3

5 Welche Zahlen gehören zur Dreier-Reihe? Schreibe die Mal-Aufgabe dazu.

3   5   9   11   15   18   20   21   25   27

6 Von den Sonnen-Aufgaben zu den Nachbaraufgaben.
Welche Sonnen-Aufgabe nutzt du?

a) 6 · 3   b) 4 · 3   c) 9 · 3

7 Neun Kinder üben
mit Tüchern jonglieren.
Jedes Kind hat drei Tücher.
Schreibe Frage (F), Lösung (L)
und Antwort (A) auf.

F Wie viele Tücher
sind es zusammen?

L ...

A ...

8 Welche Zahl ist gerade, liegt zwischen 7 und 17
und gehört zur Dreier-Reihe?

1 In Dreier-Sprüngen vorwärts. 3, 6,

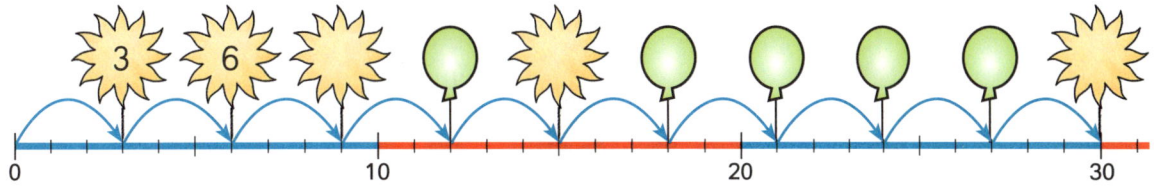

2 Wie viele Dreier-Sprünge sind es?

a) 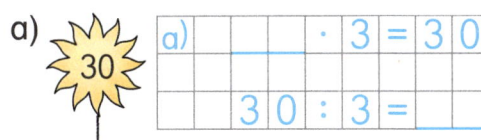 30

a)			· 3 = 3 0
	3 0 : 3 =		

b) 15   c) 21   d) 24   e) 12

3
a) 9 : 3
12 : 3

b) 6 : 3
21 : 3

c) 18 : 3
30 : 3

d) 24 : 3
0 : 3

e) 15 : 3
27 : 3

4
a) 15 : 3
18 : 3
21 : 3

b) 15 : 3
12 : 3
9 : 3

c) 3 : 3
9 : 3
15 : 3

d) 27 : 3
21 : 3
15 : 3

e) 6 : 3
15 : 3
24 : 3

5 a) Schau dir jedes Päckchen in Aufgabe 4 an. Zu welcher Regel passt es?

A: Erste Zahl immer 3 weniger, Ergebnis immer 1 weniger.

B: Erste Zahl immer 6 mehr, Ergebnis immer 2 mehr.

C: Erste Zahl immer 9 mehr, Ergebnis immer 3 mehr.

b) Finde auch die Regeln für die anderen Päckchen.

6 a) Es sind 21 Kinder. Immer drei Kinder sind in einer Gruppe.

F Wie viele Gruppen sind es?

L 21 : 3 = ___

A ___ Gruppen sind es.

b) Es sind 27 Kinder. Immer drei Kinder sind in einer Gruppe.

c) Es sind 18 Kinder. Immer drei Kinder sind in einer Gruppe.

7 a) Es sind 20 Kinder. Immer drei Kinder sind in einer Gruppe.

F Wie viele Gruppen sind es? Wie viele Kinder bleiben übrig?

L

A ___ Gruppen sind es. ___ Kinder bleiben übrig.

b) Es sind 10 Kinder. Immer drei Kinder sind in einer Gruppe.

1

1 · 6 = ___   2 · 6 = ___   3 · 6 = ___

___ Beine sind es.   ___ Beine sind es.   ___ Beine sind es.

Mein 1·1 -Heft

2

Bienen	1	2		4		6	7		9	
Beine	6		18		30			48		60

3 Welche Zahlen gehören zur Sechser-Reihe? Schreibe die Mal-Aufgabe dazu.

12   15   18   24   27   30   35   42   48   52   54

4 Von den Sonnen-Aufgaben zu den Nachbaraufgaben.
Welche Sonnen-Aufgabe nutzt du?

a) 4 · 6   b) 7 · 6   c) 9 · 6   d) 3 · 6

5 a) 2 · 6   b) 1 · 6   c) 5 · 6   d) 4 · 6   e) 3 · 6
     4 · 3   2 · 3   10 · 3   8 · 3   6 · 3

6 Vergleiche in jedem Päckchen in Aufgabe 5 die Ergebnisse.
Die erste Zahl wird verdoppelt. Die zweite Zahl wird .... Das Ergebnis ....

7

a) Welche Zahl liegt zwischen 13 und 20 und gehört zur Sechser-Reihe?

b) Welche Zahl ist eine Quadratzahl und gehört zur Sechser-Reihe?

c) Welche Zahlen sind größer als 40 und kleiner als 50. Sie gehören zur Sechser-Reihe.

d) Erfinde selbst ein Zahlenrätsel zur Secher-Reihe.

8 Drei Pedalos benötigen neue Räder.
Ein Pedalo hat 6 Räder.
Der Hausmeister bestellt die Räder.
Schreibe Frage (F), Lösung (L)
und Antwort (A) auf.

F Wie viele Räder bestellt er?

L ...

A ...

1 In Sechser-Sprüngen vorwärts.

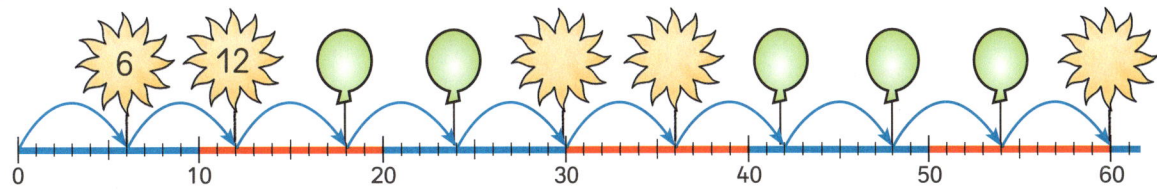

2 Wie viele Sechser-Sprünge sind es?

a)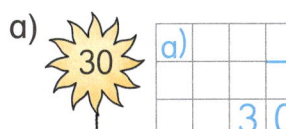

a)			·	6	=	3	0
		3	0	:	6	=	

b)  c)  d)  e)

3 a) 12 : 6   b) 30 : 6   c) 48 : 6   d) 24 : 6   e) 36 : 6
    18 : 6   42 : 6   60 : 6   0 : 6   54 : 6

4 Schreibe Frage (F), Lösung (L) und Antwort (A) auf.
a) Es sind 18 Kinder. Immer sechs Kinder sind in einer Gruppe.
b) Es sind 36 Kinder. Immer sechs Kinder sind in einer Gruppe.
c) Es sind 24 Kinder. Immer sechs Kinder sind in einer Gruppe.

5 a) Es sind 26 Kinder. Immer sechs Kinder sind in einer Gruppe.
   F Wie viele Gruppen sind es? Wie viele Kinder bleiben übrig?
   L  ...
   A ___ Gruppen sind es. ___ Kinder bleiben übrig.
b) Es sind 14 Kinder. Immer sechs Kinder sind in einer Gruppe.

6 Welches Rechenzeichen passt? ☐ + ☐ − ☐ · ☐ :
a) 6 ☐ 6 = 12   b) 6 ☐ 6 = 1   c) 6 ☐ 6 = 36   d) 6 ☐ 6 = 0

7 Hier fehlt eine Zahl. Schreibe die Aufgaben.

8 Zahlix macht Sechser-Sprünge. Zahline macht Dreier-Sprünge.
Vergleiche die Sprünge. Was fällt dir auf?

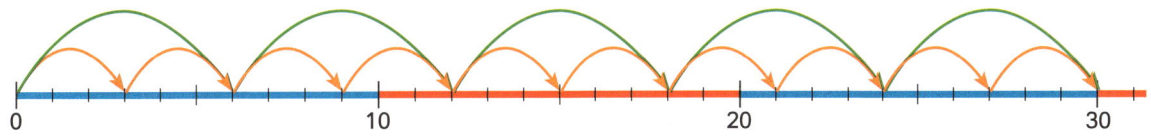

1

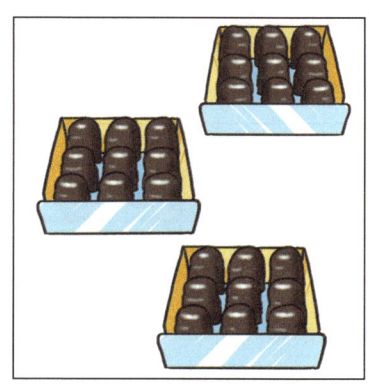

1 · 9 = ___   2 · 9 = ___   3 · 9 = ___
___ Schokoküsse   ___ Schokoküsse   ___ Schokoküsse
sind es.   sind es.   sind es.

Mein 1·1 -Heft

2  Einmaleins mit 9

Packungen	1		3	4		6	7			10
Schokoküsse	9	18			45			72	81	

3 Welche Zahlen gehören zur Neuner-Reihe? Schreibe die Mal-Aufgabe dazu.

18   25   27   36   45   54   61   72   82   89

4 Wie heißt die Zahl?

a) Sie gehört zur
   Neuner-Reihe.
   Sie liegt zwischen
   50 und 60.

b) Sie gehört zur
   Neuner-Reihe.
   Sie liegt zwischen
   70 und 80.

c) Sie gehört zur
   Vierer-Reihe
   und zur
   Neuner-Reihe.

d) Erfinde eigene Zahlenrätsel.

5 3 · 9 = 3 · 10 − 3 = ___

4 · 9 = 4 · 10 − 4 = ___

5 · 9 = 5 · 10 − ___ = ___

6 · 9 = 6 · 10 − ___ = ___

7 · 9 = ...

8 · 9 = ...

9 · 9 = ...

Erst mit 10 rechnen.

3 · 10 = 30, dann 3 weniger.

6 Die Klasse 2a baut beim Schulfest drei Kegelbahnen auf.
Jede Kegelbahn hat neun Kegel.
Schreibe Frage (F), Lösung (L) und Antwort (A) auf.

F

L

A

1 In Neuner-Sprüngen vorwärts.　9,　18,

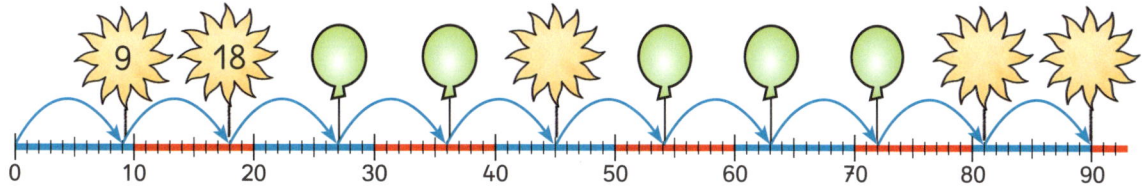

2 Wie viele Neuner-Sprünge sind es?

a)

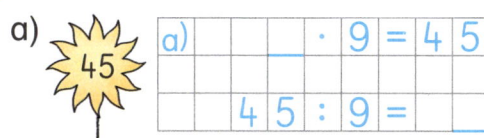

a)			· 9 = 4 5
	4 5 : 9 =		

b)  27　c)  54　d)  72　e)  36

3 a) 18 : 9　　b) 45 : 9　　c) 72 : 9　　d) 81 : 9　　e) 36 : 9
　　9 : 9　　　90 : 9　　　63 : 9　　　0 : 9　　　54 : 9

4 Schreibe Frage (F), Lösung (L) und Antwort (A) auf.

a) Es sind 27 Kinder. Immer neun Kinder sind in einer Gruppe.

b) Es sind 36 Kinder. Immer neun Kinder sind in einer Gruppe.

5 a) Es sind 20 Kinder. Immer neun Kinder sind in einer Gruppe.

F Wie viele Gruppen sind es? Wie viele Kinder bleiben übrig?

L 🧍 ...

A ___ Gruppen sind es. ___ Kinder bleiben übrig.

b) Es sind 21 Kinder. Immer neun Kinder sind in einer Gruppe.

6 Zahlix macht Neuner-Sprünge. Zahline macht Sechser-Sprünge.
Die Maus macht Dreier-Sprünge.
Vergleiche die Sprünge. Was fällt dir auf?

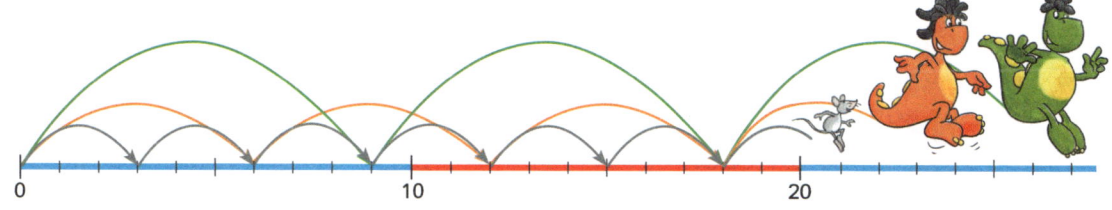

7 a) Bildet mit den Karten 2 und 7 eine Zahl und teilt sie durch 9.

2　　　7　　　　　　: 9 = ___

b) Findet weitere Zahlenpaare, die sich durch 9 teilen lassen.
c) Was fällt euch auf?

Nach dieser Seite empfiehlt sich Diagnosetest D15.

Einmaleins mit 7

1

Wochen	1			4		6	7		9	
Tage	7	14	21		35			56		70

2 Welche Zahlen gehören zur Siebener-Reihe? Schreibe die Mal-Aufgabe dazu.

14   24   28   35   40   42   49   54   56   63

3 Welche Sonnen-Aufgabe nutzt du?

a) 6 · 7   b) 4 · 7   c) 9 · 7   d) 3 · 7   e) 8 · 7

4
a) 3 · 7   b) 9 · 7   c) 5 · 7   d) 2 · 7   e) 0 · 7
   7 · 7   1 · 7   6 · 7   8 · 7   4 · 7

5 In Siebener-Sprüngen vorwärts.   7,   14,

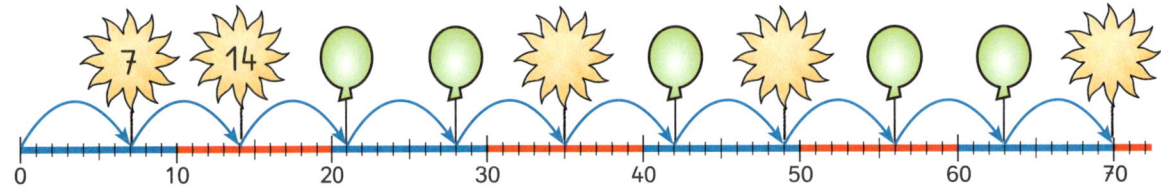

6 Wie viele Sprünge sind es?

a)

a)			·	7 =	3	5
	3	5	: 7 =			

35

b) 28   c) 63   d) 56   e) 42

7
a) 70 : 7   b) 35 : 7   c) 63 : 7   d) 42 : 7   e) 28 : 7
   7 : 7   21 : 7   14 : 7   0 : 7   56 : 7

8
a) 1 Woche 4 Tage = ___ Tage   b) 10 Tage = ___ Woche ___ Tage
   2 Wochen 3 Tage = ___ Tage   20 Tage = ___ Wochen ___ Tage
   3 Wochen 4 Tage = ___ Tage   30 Tage = ___ Wochen ___ Tage
   4 Wochen 3 Tage = ___ Tage   40 Tage = ___ Wochen ___ Tage

9 Hier fehlt eine Zahl. Schreibe die Aufgaben.

a)  6 7

b)  7 21

c) 7 56

d)  9 63

1

2 Wie rechnest du?

a) $4 \cdot 6$ b) $7 \cdot 6$ c) $4 \cdot 7$ d) $8 \cdot 4$ e) $8 \cdot 7$ f) $6 \cdot 8$

3 Welches Kind rechnet richtig? Begründe.

4 Rechne geschickt.

a) $9 \cdot 6$ b) $4 \cdot 9$ c) $9 \cdot 7$ d) $8 \cdot 9$ e) $7 \cdot 9$ f) $9 \cdot 3$

5 Rechne.

a) $4 \cdot 6$ b) $2 \cdot 10$ c) $5 \cdot 6$ d) $3 \cdot 4$ e) $4 \cdot 4$ f) $4 \cdot 10$
   $8 \cdot 3$ $4 \cdot 5$ $10 \cdot 3$ $6 \cdot 2$ $8 \cdot 2$ $8 \cdot 5$

g) Was fällt dir auf? Begründe.

6 >, < oder = ? Setze ein. Achte auf die Rechenzeichen.

a) $5 \cdot 7$ ◯ $4 \cdot 8$ b) $3 \cdot 2$ ◯ $3 + 2$ c) $6 + 6$ ◯ $4 \cdot 4$ d) $8 : 2$ ◯ $6 \cdot 2$
   $9 \cdot 0$ ◯ $9 + 0$ $6 \cdot 6$ ◯ $9 \cdot 4$ $8 \cdot 7$ ◯ $60 - 6$ $3 \cdot 1$ ◯ $9 : 3$

7 a) 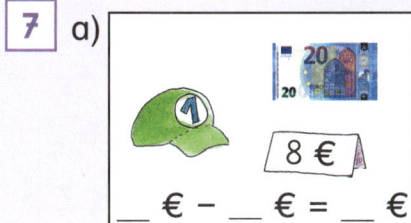   b)    c)

1 Es findet ein Sportfest statt. Jedes Kind möchte eine Urkunde erhalten.
Die Lehrerinnen messen dafür die a) ...., Weiten und b) ....

a) 9 · 9   b) 49 : 7

4 · 5   36 : 6

6 · 7   56 : 8

6 · 6   40 : 2

5 · 4   80 : 2

5 · 8

2 Lennart und Melina warten an der ersten a) ....
Jedes Kind springt b) ....

a) 6 · 8   b) 5 · 5 + 20

6 · 6   9 · 5 − 10

8 · 7   5 · 8 − 20

9 · 4   2 · 6 + 30

7 · 6   4 · 5 + 30

7 · 7   9 · 4 + 20

5 · 8   5 · 6 + 30

3 Zum Abschluss a) .... alle Kinder
800 b) ....

a) 9 · 6 + 6   b) 24 : 6 + 46

6 · 8 + 8   49 : 7 + 13

6 · 6 + 8   40 : 8 + 31

7 · 7 + 3   27 : 9 + 17

6 · 3 + 2   35 : 7 + 30

5 · 7 + 5

6	7	9	20	35	36	40	42	44	45	48	49	50	52	56	60	81
Ö	H	P	E	R	T	N	I	U	D	S	O	M	F	A	L	Z

1 a)
· 5

· 5		
5		2 5
2		1 0
7		

Speech bubble: Von links nach rechts mal. Von oben nach unten plus.

b)
· 4
4
5
9

2 a)
· 10
3
7
100

b)
· 2
8
1
18

c)
· 3
6
2
24

3 a)
· 5
7
10
9

b)
· 6
3
42
10

c)
· 8
2
48
8

4 a)
· 7
7
7
56

b)
· 6
4
30
54

c)
· 9
2
72
90

5 a)
· 10
60
8

b)
· 8
32
9

6

Einkaufen
17 Würstchen
16 Ballons
24 Sticker
27 Lutscher
18 Schokoküsse
32 Murmeln
14 Fähnchen

1 Verteile:

a) 17 Würstchen an sechs Kinder.

> **F** Wie viele Würstchen bekommt jedes Kind?
>
> **L** 17 : 6 = 2 R 5
>
> **A** _____ Würstchen bekommt jedes Kind.
>
> _____ Würstchen bleiben übrig.

Das R steht für Rest.

b) 16 Ballons an sechs Kinder.
   Schreibe Frage (F), Lösung (L) und Antwort (A) auf.

c) Verteile die übrigen eingekauften Dinge immer an sechs Kinder.

2 Schreibe eigene Geburtstags-Geschichten.

3 Verteile:

a) 24 Sticker an 5 Kinder   d) 30 Bilder an 4 Kinder
b) 24 Sticker an 7 Kinder   e) 30 Bilder an 6 Kinder
c) 24 Sticker an 9 Kinder   f) 30 Bilder an 8 Kinder

> a) 24 : 5 = 4 R 4

4
a) 25 : 4   b) 32 : 6   c) 35 : 4   d) 48 : 9   e) 56 : 9
   25 : 9   32 : 5   35 : 6   48 : 6   56 : 6
   25 : 8   32 : 9   35 : 8   48 : 5   56 : 5
   25 : 7   32 : 7   35 : 9   48 : 7   56 : 7

5 Welche Rechnungen sind falsch, welche richtig?

a) 25 : 4 = 5 R 5   b) 80 : 9 = 8 R 7   c) 28 : 3 = 8 R 4
d) 42 : 6 = 8 R 0   e) 66 : 8 = 8 R 2   f) 65 : 6 = 9 R 2
g) 44 : 7 = 6 R 2   h) 57 : 7 = 1 R 8   i) 87 : 9 = 8 R 6

6 Jan feiert mit 7 Kindern seinen Geburtstag. Sein Vater fährt die Kinder abends nach Hause. Immer 3 Kinder passen in das Auto.
Wie oft muss sein Vater fahren?

1

Multi-Pack
4 Zahlenkarten,
6 Mal-Aufgaben

Aufgabe und
Tauschaufgabe:
nur eine Aufgabe

$3 \cdot 5 = 15$

5
9
3
4

3	$\cdot$	4	$= 12$
___	$\cdot$	___	$= 15$
___	$\cdot$	___	$= 20$
___	$\cdot$	___	$= 27$
___	$\cdot$	___	$= 36$
___	$\cdot$	___	$= 45$

2

4
10
8
6

___ $\cdot$ ___ $= 24$
___ $\cdot$ ___ $= 32$
___ $\cdot$ ___ $= 40$
___ $\cdot$ ___ $= 48$
___ $\cdot$ ___ $= 60$
___ $\cdot$ ___ $= 80$

3

7
2
8
4

___ $\cdot$ ___ $=$
___ $\cdot$ ___ $= 14$
___ $\cdot$ ___ $= 16$
___ $\cdot$ ___ $= 28$
___ $\cdot$ ___ $= 32$
___ $\cdot$ ___ $=$

4

10
9
3
5

___ $\cdot$ ___ $=$ ___
___ $\cdot$ ___ $= 27$
___ $\cdot$ ___ $= 30$
___ $\cdot$ ___ $= 45$
___ $\cdot$ ___ $= 50$
___ $\cdot$ ___ $=$ ___

Wie heißt die
Zahlenkarte?

5

5
7
4

___ $\cdot$ ___ $= 20$
___ $\cdot$ ___ $= 24$
___ $\cdot$ ___ $= 28$
___ $\cdot$ ___ $= 30$
___ $\cdot$ ___ $= 35$
___ $\cdot$ ___ $= 42$

6

9
2
8

___ $\cdot$ ___ $= 14$
___ $\cdot$ ___ $= 16$
___ $\cdot$ ___ $= 18$
___ $\cdot$ ___ $= 56$
___ $\cdot$ ___ $= 63$
___ $\cdot$ ___ $= 72$

7

10

___ $\cdot$ ___ $= 12$
___ $\cdot$ ___ $= 18$
___ $\cdot$ ___ $= 24$
___ $\cdot$ ___ $= 30$
___ $\cdot$ ___ $= 40$
___ $\cdot$ ___ $= 60$

8

7

___ $\cdot$ ___ $= 20$
___ $\cdot$ ___ $= 28$
___ $\cdot$ ___ $= 32$
___ $\cdot$ ___ $= 35$
___ $\cdot$ ___ $= 40$
___ $\cdot$ ___ $= 56$

9

6

___ $\cdot$ ___ $= 42$
___ $\cdot$ ___ $= 48$
___ $\cdot$ ___ $= 54$
___ $\cdot$ ___ $= 56$
___ $\cdot$ ___ $= 63$
___ $\cdot$ ___ $= 72$

Kopiervorlage auf DVD Digitale Lehrermaterialien 2 oder als Download
Nach dieser Seite empfiehlt sich Diagnosetest D16.

107

1 a) 4 · 4   b) 9 − 9   c) 10 · 10
   4 + 4   9 · 9   10 : 10
   4 − 4   9 : 9   10 − 10

2 Welches Rechenzeichen
   passt?   [+] [−] [·] [:]

   a) 8 ☐ 8 = 1   b) 8 ☐ 8 = 16
   8 ☐ 8 = 0   8 ☐ 8 = 64

3 a) Welche Zahlen gehören
     zur Vierer-Reihe?
     Schreibe die Mal-Aufgabe.

     10 16 20 24 28 30 32 40

   b) Welche Zahlen gehören
     zur Achter-Reihe?
     Schreibe die Mal-Aufgabe.

     10 16 20 24 28 30 32 40

4 Von Sonnen-Aufgaben
   zu Nachbaraufgaben.

   a) ☀5 · 8   b) ☀7 · 7
    4 · 8   8 · 7
    6 · 8   6 · 7

5 a) 6 · 6 b) 4 · 8 c) 9 · 3
    8 · 8   4 · 7   5 · 9
    7 · 7   7 · 8   9 · 6

6 a) 12 : 4   b) 20 : 5
    24 : 4   15 : 5
     8 : 4   45 : 5
    32 : 4   5 : 5
    40 : 4   30 : 5

7 a) 12 : 3   b) 32 : 8   c) 21 : 5
    14 : 7   36 : 9   33 : 6
    48 : 6   42 : 7   52 : 7

8 a) · 3   b) · 5   c) · 4   d) · 8

a) · 3	
8	
2	
10	

b) · 5	
4	
5	
	45

c) · 4	
5	
	12
8	

d) · 8	
3	
	40
	64

Schreibe Frage (F), Lösung (L) und Antwort (A) auf.

9 a) Die Klasse 2 a baut
     auf dem Schulhof vier
     Kegelbahnen auf.
     Jede Kegelbahn hat
     neun Kegel.

   b) Die Klasse 2 b baut
     für das Dosenwerfen
     drei Türme auf.
     Jeder Turm hat sechs Dosen.

10 a) In der Turnhalle sind 24 Kinder.
      Immer acht Kinder sind
      in einer Gruppe.

   b) Auf dem Schulhof
     sind 34 Kinder.
     Immer vier Kinder
     sind in einer Gruppe.
     Wie viele Gruppen sind es?
     Wie viele Kinder bleiben übrig?

F
L
A

Jede Aufgabe ist anders.

Manchmal gibt es mehrere Lösungen.

1

Auf dem Tisch liegen
Quadrate und Dreiecke.
Insgesamt sind es 6 Plättchen.
Alle zusammen haben 20 Ecken.
Wie viele Dreiecke liegen
auf dem Tisch?

A: 2   B: 3

C: 4   D: 5

2

Welche Formen haben mehr
als zwei Spiegelachsen?

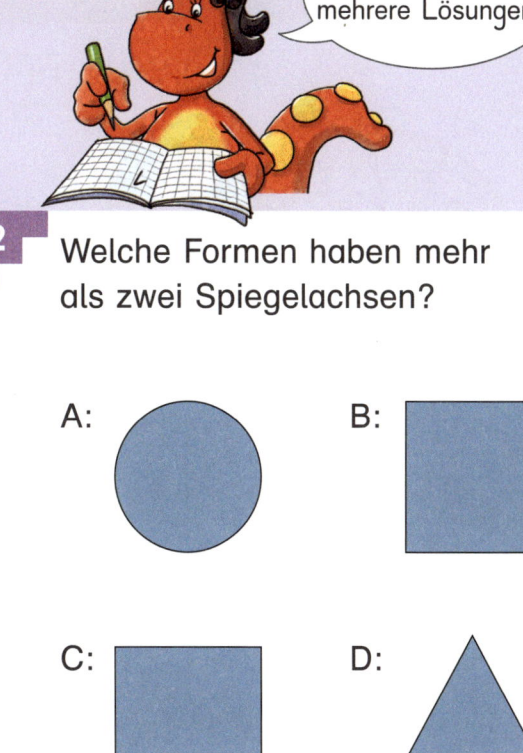

A: B:

C: D:

3

Welche Zahlen passen?
Wenn du die Zahl durch 5 teilst,
erhältst du eine Zahl
aus der Dreier-Reihe.

A: 9   B: 15

C: 25   D: 45

4

Ein Stab ist 80 cm lang.
Du sollst ihn in fünf Teile teilen.
Wie oft musst du schneiden?

A: 3-mal   B: 4-mal

C: 5-mal   D: 6-mal

5

Steven liest eine Geschichte.
Er fängt auf Seite 86 an
und endet auf Seite 100.
Wie viele Seiten sind es?

A: 13   B: 14

C: 15   D: 16

6

Welches Netz ergibt keinen
Würfel?

A: 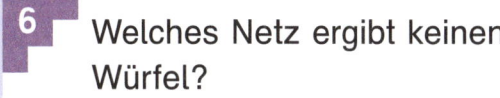   B:

C:    D: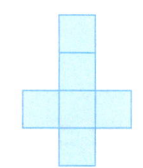

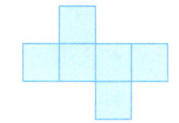

Zeit

1 Tag = 24 Stunden

Um 13 Uhr esse ich.

Um 1 Uhr schlafe ich.

Stellt auf einer Spieluhr ganze Stunden ein. Nennt beide Uhrzeiten.
Was macht ihr zu diesen Uhrzeiten?

2
a) Wo steht der Stundenzeiger um 15 Uhr?

b) Wo steht der Minutenzeiger um 15 Uhr?

c) Wo steht der Stundenzeiger 5 Stunden später?

d) Wie viel Zeit ist nach einer Umdrehung des Stundenzeigers vergangen?

e) Wie viele Umdrehungen macht der Stundenzeiger an einem Tag?

3 Wie spät ist es in fünf Stunden? Es ist jetzt:

a) 8 Uhr	b) 5 Uhr	c) 9 Uhr	d) 1 Uhr	e) 0 Uhr
16 Uhr	10 Uhr	19 Uhr	17 Uhr	20 Uhr

4 Wie viele Stunden sind es?

a) von 16 Uhr bis 21 Uhr

b) von 9 Uhr bis 19 Uhr

c) von 8 Uhr bis 23 Uhr

d) von 18 Uhr bis 1 Uhr

5 Wie lange ist Sprechstunde?

a) am Mittwoch

b) am Freitag

c) am Samstag

Dr. W. Holle
Zahnarzt

Sprechstunde:
Montag, Dienstag, Donnerstag,
Freitag von 8 bis 12 Uhr
und von 16 bis 18 Uhr
Mittwoch von 8 bis 12 Uhr

6 Bastelt euch eine Schulstundenkerze.

Ihr braucht:
- 2 gleiche Kerzen mit Halter
- Streichhölzer
- Uhr
- Bleistift oder Folienstift

So geht ihr vor:
Zündet die erste Kerze an.
Lasst sie 45 Minuten brennen.
Macht einen Strich auf die
zweite Kerze an der Stelle,
bis zu der die erste Kerze
abgebrannt ist.

Kopiervorlage mit Bastelanleitung zur Uhr auf DVD Digitale Lehrermaterialien 2 oder als Download

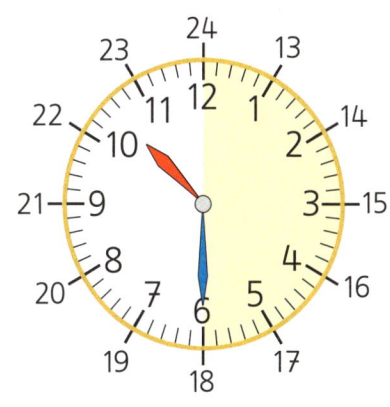

1 Stunde = 60 Minuten
eine halbe Stunde = 30 Minuten

1 a) Wie viele Minuten sind von 10.00 Uhr bis 10.30 Uhr vergangen?

b) Wo steht der Stundenzeiger um 10.30 Uhr?

2 Wie viel Uhr ist es? Schreibe alle drei Möglichkeiten auf.

a)

a)		7 . 3 0	Uhr
	1	9 . 3 0	Uhr
	halb 8		

b) 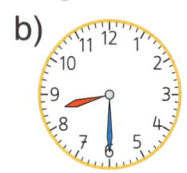 c) 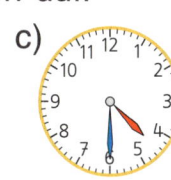 d)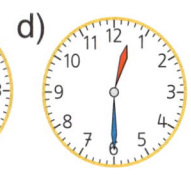

3 Wie spät ist es? Schreibe beide Möglichkeiten auf.

a)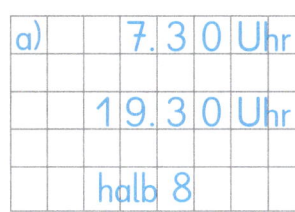

a)	1 . 1 5	Uhr
	1 3 . 1 5	Uhr

b)  c)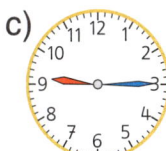

d) 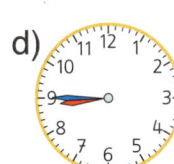 e)  f) 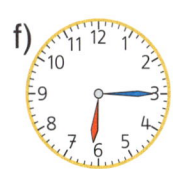 g)

4 Stelle die Uhrzeiten auf der Spieluhr ein. Dein Partner sagt, wie spät es ist. Wechselt euch ab.

a)  b)  c)  d)  e) 23:45

5 Wie spät ist es 12 Stunden später?

a) 11:15 b) 23:00 c)  d)  e)

1 Nikos Nachmittage:
Wie lange dauert es?

a) Montag: Flöte üben
   15.30 Uhr bis 15.45 Uhr

b) Mittwoch: Flötenunterricht
   16.15 Uhr bis 16.45 Uhr

c) Freitag: Schwimmen
   16.00 Uhr bis 16.45 Uhr

d) Donnerstag: Lesen
   15.45 Uhr bis 16.15 Uhr

e) Samstag: Radtour mit Ben
   14.30 Uhr bis 15.15 Uhr

 15 Minuten sind eine Viertelstunde.

 30 Minuten sind eine halbe Stunde.

 45 Minuten sind eine Dreiviertelstunde.

2 Nikos Schultag: Wie lange dauert es?

a) Schulweg: 7.45 Uhr bis   8.00 Uhr

b) große Pause: 9.30 Uhr bis 10.00 Uhr

c) Mathestunde: 10.00 Uhr bis 10.45 Uhr

d) kleine Pause: 11.30 Uhr bis 11.45 Uhr

e) Mittagessen: 13.15 Uhr bis 14.00 Uhr

f) Wie lange dauert es bei dir?
   Schreibe die Uhrzeiten und die Dauer auf.

3 Wie lange dauert es?

a) von halb 4 bis 9 Uhr

b) von halb 6 bis 17 Uhr

c) von 7 Uhr bis halb 10

c) von 10.30 Uhr bis 12.45 Uhr

d) von 7.30 Uhr bis 13.15 Uhr

e) von 12.15 Uhr bis 16.30 Uhr

f) von 22.45 Uhr bis 1.30 Uhr

g) von 17.15 Uhr bis 4.45 Uhr

a) | 3 0 Minuten | 5 Stunden |

3.30 Uhr   4.00 Uhr   9.00 Uhr

Es dauert 5 Stunden und 30 Minuten.

Das sind fünfeinhalb Stunden.

4 Nuria fährt mit dem Zug. Abfahrt ist um 9 Uhr.
Die Fahrt dauert zweieinhalb Stunden.

5 Laras Mutter arbeitet am Samstag fünf Stunden. Ihre Arbeit
endet um 14.30 Uhr. Wann fängt sie an zu arbeiten?

1

Zeitspannen:
Sekunde
Minute
Stunde

Wie viele Sekunden kannst du auf einem Bein stehen?

Wie viele Sekunden kannst du ein Buch halten?

Wie viele Sekunden kannst du ...?

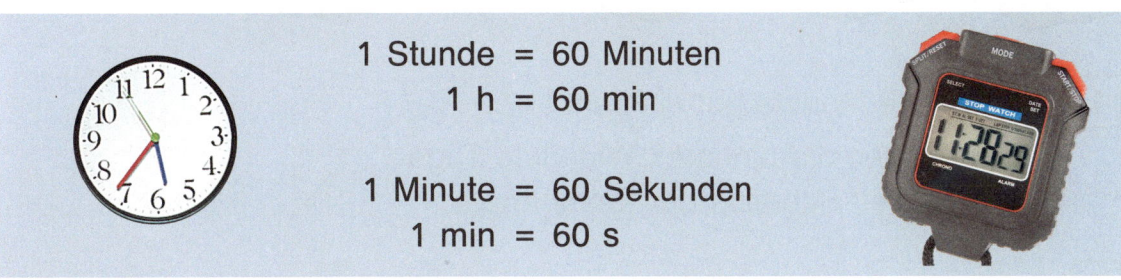

1 Stunde = 60 Minuten
1 h = 60 min

1 Minute = 60 Sekunden
1 min = 60 s

2 Wie lange dauert es? Schätzt, bevor ihr messt.

a) bis 100 zählen

b) das ABC aufsagen

c) die 6er-Reihe aufsagen

d) einander ansehen ohne zu lachen

3 Wie schnell haben die Kinder ihre Schuhe gebunden? Schreibe in dein Heft.

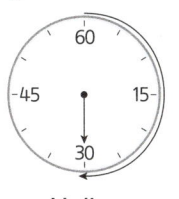
Heike

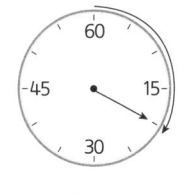
Peter

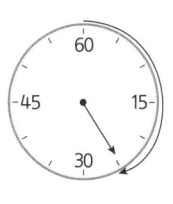
Kira

Steffen

Heike			s
Peter			s
Kira			s
Steffen			s

4 Salman läuft 50 Meter in 12 Sekunden. Igor ist eine Sekunde schneller.

5 Was dauert ungefähr so lange? Ordne zu.

a) 45 Minuten
b) 10 Stunden
c) 15 Sekunden
d) 30 Minuten

50-m-Lauf

Schlafen

Mathestunde

Sendung mit der Maus

6 Lege deinen Kopf auf die Arme. Hebe den Kopf, wenn du meinst, dass eine Minute um ist. Dein Partner schaut auf die Uhr, wie gut du geschätzt hast.

Nach dieser Seite empfiehlt sich Diagnosetest D17.

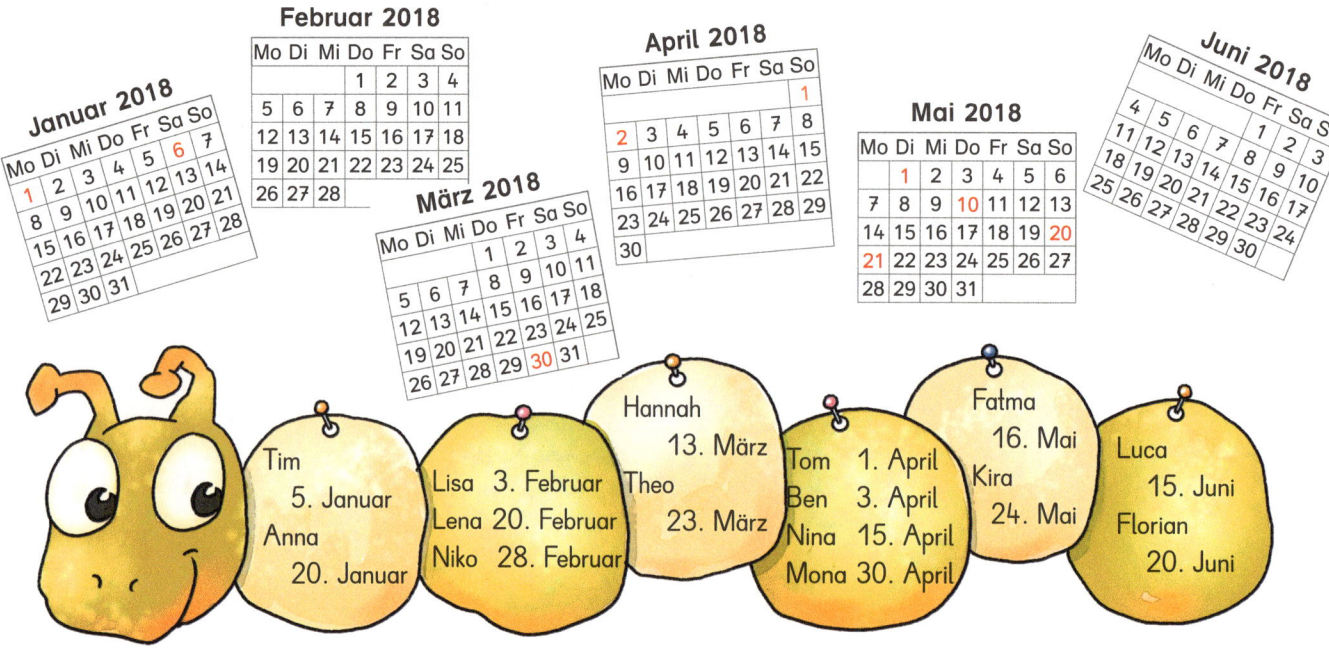

1 a) Wie viele Monate hat ein Jahr?

b) Wie heißen die Monate? Wie viele Tage haben sie? Schreibe der Reihe nach.

a)	1. Monat: Januar, 31 Tage
	2. Monat:

2 Wie viele Tage hat der Monat?

a) Januar   b) April   c) November

d) Juli   e) Mai   f) Februar

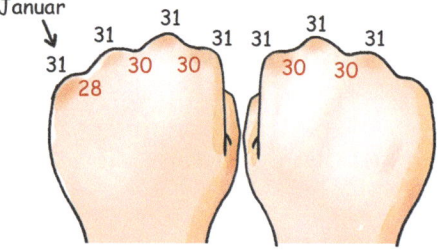

3 a) Wie viele Monate haben genau 30 Tage?

b) Wie viele Monate haben 31 Tage?

4 2020 ist ein „Schaltjahr". Was ist gemeint? Wann ist das nächste Schaltjahr?

5 An welchen Wochentagen haben die Kinder Geburtstag?
Schreibe das Datum auf. | a)   Tim: Freitag, 5.1.2018 |

a) Tim   b) Lisa   c) Niko   d) Theo   e) Nina   f) Fatma   g) Luca

6 Welcher Wochentag ist es im Jahr 2018? Schreibe das Datum auf.

a) Neujahr   b) Nikolaus   c) Silvester   d) Heiligabend   e) dein Geburtstag

7 Welches Datum passt? Schreibe das richtige Datum auf.

a) Kira geht ins Freibad.	b) Anna fährt Schlitten.	c) Ben pflückt Äpfel.	d) Lena kauft Osterglocken.
7.3.2018	8.1.2018	10.2.2018	4.1.2018
3.7.2018	1.6.2018	10.9.2018	11.4.2018
2.11.2018	6.9.2018	10.12.2018	4.11.2018

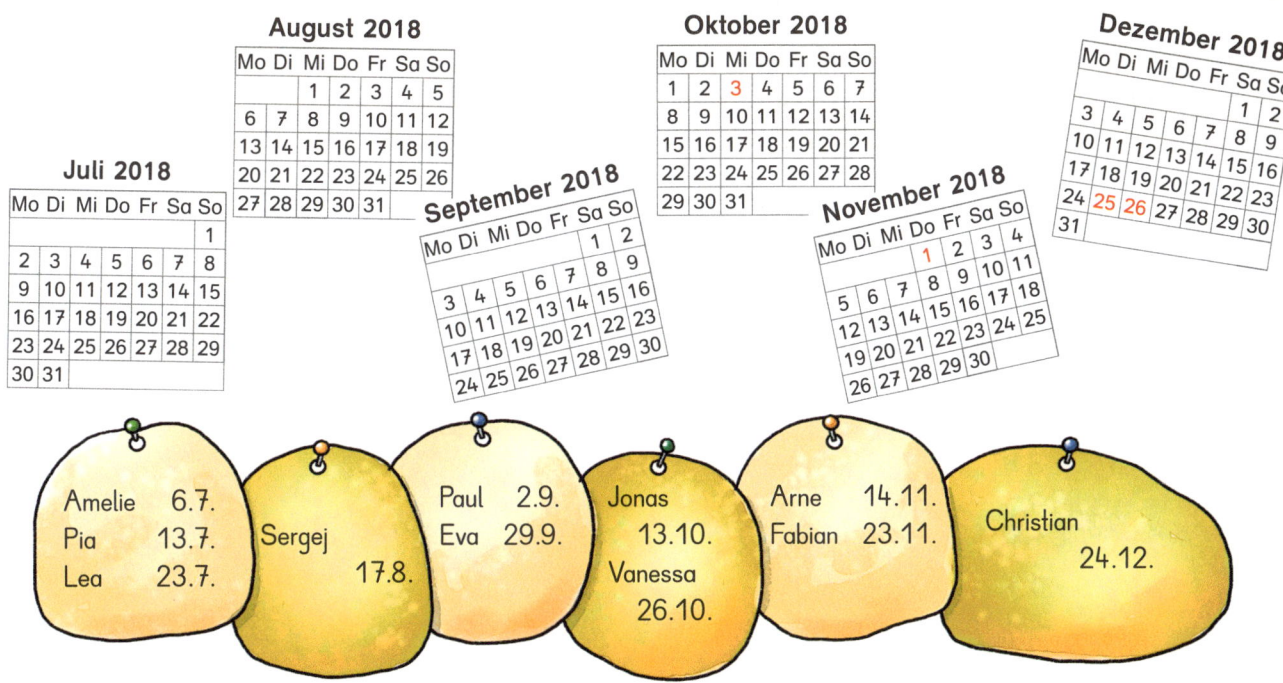

1 Ein Jahr – viele Geburtstage

a) In welchem Monat haben die meisten Kinder Geburtstag?

b) In welchen Monaten hat nur ein Kind Geburtstag?

c) In welchen Monaten haben nur Mädchen Geburtstag?

d) In welchen Monaten haben mehr Mädchen als Jungen Geburtstag?

2 Pia hat am 13. Juli Geburtstag.

a) Wer hat genau zehn Tage später Geburtstag?

b) Wer hat genau eine Woche vorher Geburtstag?

c) Wer hat genau drei Monate später Geburtstag?

3 Schreibe das gesuchte Datum auf.

a) Theo hat am 23. März Geburtstag.
   Seine Mutter hat genau vier Monate später Geburtstag.

b) Anna hat am 20. Januar Geburtstag, ihr Vater genau zwei Monate früher.

4 a) Bastelt eine Geburtstagsraupe für eure Klasse.

b) Erfindet Fragen zu eurer Geburtstagsraupe.

5 Welche Monate sind es?

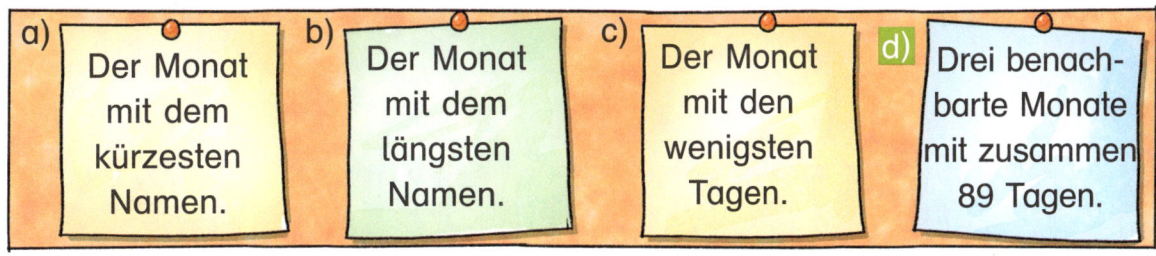

a) Der Monat mit dem kürzesten Namen.

b) Der Monat mit dem längsten Namen.

c) Der Monat mit den wenigsten Tagen.

d) Drei benachbarte Monate mit zusammen 89 Tagen.

Weiter im Rechnen bis 100

1 Marie ist im a) .... Sie hat ein b) .... als Schwimmhilfe mitgebracht.

a) 30 + 60
17 + 30
16 + 10
10 + 31
20 + 28
20 + 19
40 + 33

b) 21 + 20 + 7
29 + 10 + 8
12 + 10 + 4
11 + 20 + 3
18 + 10 + 6

2 Marc geht ins tiefe a) ....
Er springt vom Startblock und schwimmt ein paar b) ....

a) 98 − 50
76 − 50
84 − 40
74 − 20
66 − 40
96 − 40

b) 53 − 5
46 − 7
90 − 3
59 − 3
30 − 4
63 − 7

3 Lucy trägt eine Schwimm-a) .... Sie schwimmt auf dem b) ....

a) 17 + 31
24 + 23
14 + 27
48 + 23
35 + 36
8 + 18

b) 78 − 31
89 − 53
60 − 16
72 − 18
52 − 26
91 − 35

26	34	36	37	39	41	44	47	48	54	56	71	73	76	87	90
E	T	Ü	Ö	O	A	I	C	R	B	K	N	L	D	Ä	H	F

1 | 7 | 9 | 13 | 29 | 35 | 48 | 52 | 61 |

Wähle zwei Zahlen.
Addiere sie.

a) Die Summe soll
   kleiner als 40 sein.
   Es gibt fünf Aufgaben.

   16   20   22   36   38

b) Die Summe soll zwischen 60 und 70 liegen. Es gibt fünf Aufgaben.

  61   61   64   65   68

c) Die Summe soll zwischen 40 und 60 liegen. Es gibt sieben Aufgaben.

  42   42   44   48   55   57   59

2 | 5 | 6 | 20 | 32 | 35 | 43 | 52 | 60 |

Wähle zwei Zahlen und addiere sie.

a) Die Summe soll kleiner als 40 sein. Es gibt fünf Aufgaben.

  11   25   26   37   38

b) Die Summe soll zwischen 50 und 70 liegen. Es gibt acht Aufgaben.

  52 55 57 58 63 65 66 67

3 Die Klasse 2a baut für das Dosenwerfen vier Türme auf.
Jeder Turm hat sechs Dosen. Wie viele Dosen sind es?

4 Die Mutter verteilt gerecht zwölf Mandarinen an drei Kinder.
Wie viele Mandarinen bekommt jedes Kind?

5 Auf dem Schulhof sind 30 Kinder. Immer sechs Kinder
sind in einer Gruppe. Wie viele Gruppen sind es?

Bei Aufgabe 1 und 2 bleibt keine Lösungszahl übrig.

1

a)
57 – 36
57 – 35
57 – 34

b)
85 – 57
86 – 57
87 – 57

c)
79 – 24
79 – 34
79 – 44

d)
61 – 42
61 – 32
61 – 22

e)
58 – 18
68 – 28
78 – 38

2 a) Schau dir jedes Päckchen in Aufgabe 1 an. Zu welcher Regel passt es?

A: Erste Zahl immer 1 mehr, zweite Zahl immer gleich,
Ergebnis immer ....

B: Erste Zahl immer gleich, zweite Zahl immer 10 mehr,
Ergebnis immer ....

C: Erste Zahl immer 10 mehr, zweite Zahl immer 10 mehr,
Ergebnis immer ....

b) Schreibe auch für die anderen Päckchen die Regel auf.

3 Zahl minus Spiegelzahl.

a) 43 – 34
54 – 45
65 – 56

b) 53 – 35
64 – 46
75 – 57

c) 41 – 14
52 – 25
63 – 36

d) 51 – 15
62 – 26
73 – 37

e) 61 – 16
72 – 27
83 – 38

4 a) Schau dir die Ergebnisse in Aufgabe 3 an. Was fällt dir auf?

In jedem Päckchen sind die Ergebnisse .... Sie gehören zur .... -Reihe.

b) Finde drei Aufgaben zum Ergebnis 54.

5
a) 85 47 21

b) 90 38 15

c) 73 50 46

d) 66 35 17

6
a) 78   16 / 38

b) 93   36 / 43

c) 67   13 / 36

d) 82   20 / 33

7
a) 54 / 30 13

b) 80 / 45 8

c) 59 / 34 21

d) 99 / 60 18

1

Tom

$72 - 69$

$69 + 3 = 72$
also
$72 - 69 = 3$

Lea

2 Welche Aufgaben kannst du so rechnen wie Lea?
Sortiere die Aufgaben und rechne.

$87 - 85$ $96 - 95$ $86 - 24$ $25 - 4$ $57 - 52$ $61 - 58$

$79 - 18$ $83 - 25$ $31 - 29$ $42 - 39$ $92 - 88$ $91 - 85$

$34 - 29$ $93 - 17$ $55 - 51$ $73 - 25$ $11 - 9$ $84 - 23$

3 Erst schauen, dann rechnen. Rechne auf deinem Weg.

a) $88 - 78$	b) $96 - 94$	c) $82 - 68$	d) $56 - 55$	e) $67 - 47$
$74 - 70$	$35 - 18$	$75 - 35$	$96 - 33$	$41 - 38$
$77 - 62$	$44 - 14$	$54 - 49$	$93 - 62$	$81 - 79$

4

a)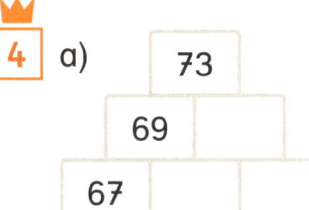

73
69
67

b)

81
78
77

c)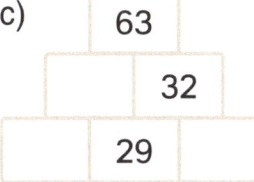

63
32
29

d)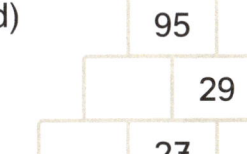

95
29
27
1

e)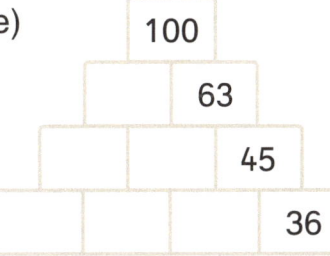

100
63
45
36

5 Finde jeweils mehrere Möglichkeiten.

a)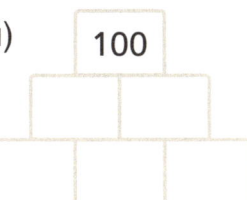

100

b)

50

c)

84

1 Die Kinder der Klasse 2b finden a) .... toll.
Gerne tanzen sie bei Festen der ganzen b) .... vor.

a) $7 \cdot 7$ b) $70 - 4$
   $41 + 5$ $3 \cdot 7$
   $6 \cdot 6$ $9 \cdot 5$
   $91 + 9$ $78 + 4$
   $40 : 8$ $6 \cdot 9$
   $40 - 4$ $35 : 7$

2 Einige Mädchen machen a) ....
Sie mögen das Training vor dem b) ....

a) $11 + 30$ b) $23 + 43$
   $66 - 20$ $25 + 45$
   $84 - 30$ $50 - 11$
   $14 + 40$ $51 - 46$
   $65 - 60$ $49 + 15$
   $19 + 30$ $44 - 39$
   $99 - 50$ $15 + 39$

3 Die Jungen mögen a) ....
Sie tragen gerne coole b) ....

a) $5 \cdot 5 + 20$ b) $21 : 7 + 14$
   $7 \cdot 7 - 10$ $36 : 9 + 42$
   $8 \cdot 5 + 30$ $32 : 8 + 66$
   $5 \cdot 3 + 30$ $60 : 6 + 60$
   $8 \cdot 8 + 30$ $80 : 2 - 35$
   $5 \cdot 4 + 50$ $40 : 2 + 16$

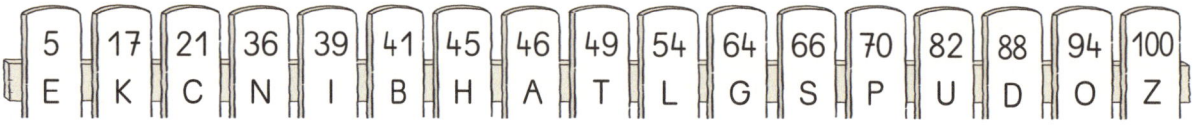

5	17	21	36	39	41	45	46	49	54	64	66	70	82	88	94	100
E	K	C	N	I	B	H	A	T	L	G	S	P	U	D	O	Z

Nach dieser Seite empfiehlt sich Diagnosetest D18.

1

Startzahlen

	· 5	− 5	: 5
10	50	45	9
5	25	20	4
8			

Zielzahlen

2 Vergleiche in Aufgabe 1 die Zielzahl mit der Startzahl.
Wie heißt die Regel? Die Zielzahl ist immer .... als die Startzahl.

3

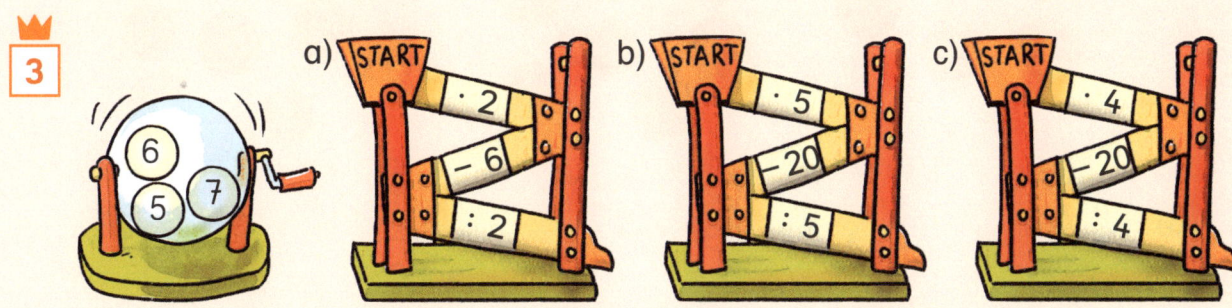

4 Vergleiche in Aufgabe 3 in jeder Kugelbahn die Zielzahl mit der Startzahl.
Welche Kugelbahn passt zu welcher Regel?
A: Die Zielzahl ist immer um 4 kleiner als die Startzahl.
B: Die Zielzahl ist immer um 3 kleiner als die Startzahl.
C: Die Zielzahl ist immer um 5 kleiner als die Startzahl.

5

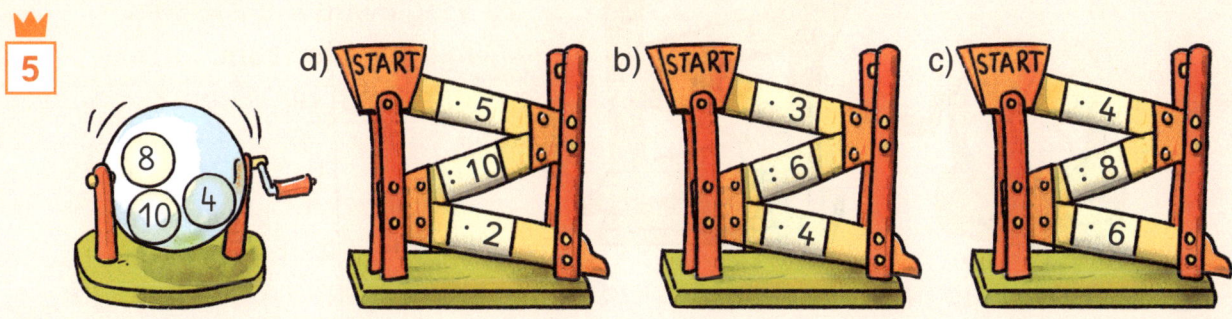

6 a) Vergleiche in Aufgabe 5 in jeder Kugelbahn die Zielzahl mit der Startzahl.
   Welche Kugelbahn passt zu welcher Regel?
   A: Die Zielzahl ist immer doppelt so groß wie die Startzahl.
   B: Die Zielzahl ist immer dreimal so groß wie die Startzahl.
   b) Findest du die fehlende Regel?

7 Zahlix steckt die Startzahl 0 in die Kugelbahnen von Aufgabe 5.
Was passiert?

121

1 Wie viel Euro sind es?

a) b) c)

2 Wie viel Cent sind es?

a) b) c)

3

a) 60 + 28	b) 26 + 34	c) 47 + 34	d) 37 + 59
33 + 40	52 + 48	26 + 56	19 + 65
45 + 45	63 + 35	68 + 27	46 + 36

e) 57 − 20	f) 84 − 34	g) 42 − 27	h) 61 − 19
46 − 30	71 − 41	74 − 58	50 − 47
88 − 42	98 − 53	91 − 66	73 − 44

4 a)

b) Vergleiche die Zielzahl
mit der Startzahl.
Wie heißt die Regel?

Die Zielzahl
ist immer ....
als die Startzahl.

5 Punkte beim Zielwerfen

	1. Wurf	2. Wurf
Paula	28	30
Tim	35	22
Leo	25	26

a) Wer hat beim 1. Wurf die meisten
Punkte erzielt? Wer die wenigsten?

b) Wie viele Punkte hat Paula
zusammen erzielt?
Wie viele Tim? Wie viele Leo?

c) Wie viele Punkte haben die Kinder
beim 1. Wurf zusammen erzielt?
Wie viele beim 2. Wurf?

Jede Aufgabe ist anders.

Manchmal gibt es mehrere Lösungen.

1

Tom trifft mit allen drei Pfeilen die Scheibe. Wie viele Punkte können es sein?

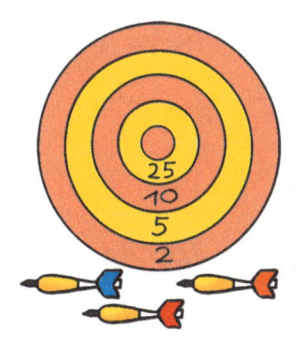

A: 40

B: 50

C: 60

D: 70

2

Z	E		2	4	6
			3	5	7

Lege mit diesen Ziffernkarten. Die Zehnerzahl ist gerade. Die Einerzahl ist ungerade. Wie viele verschiedene Möglichkeiten gibt es?

A: 6

B: 8

C: 9

D: 12

3

Tim addiert drei aufeinander folgende Zahlen. Das Ergebnis ist 66.

Wie heißt die größte der drei Zahlen?

A: 17

B: 23

C: 33

D: 66

4

Welche Zahl steht am häufigsten in der Einmaleins-Tafel?

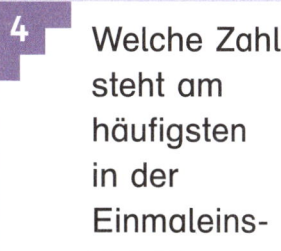

A: 24

B: 27

C: 32

D: 48

5

Setze fort. Wie viele Hölzchen brauchst du für zehn Dreiecke?

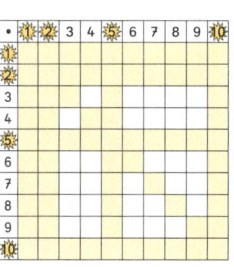

Dreiecke	2	4	6
Hölzchen	5	10	15

A: 21

B: 25

C: 30

D: 50

6

Im Jahr 2019 ist der 1. Dezember ein Sonntag.

An welchem Wochentag ist Heiligabend?

A: Samstag

B: Sonntag

C: Montag

D: Dienstag

Körper

1 Sortiere die Gegenstände.
Wohin gehören Sie?

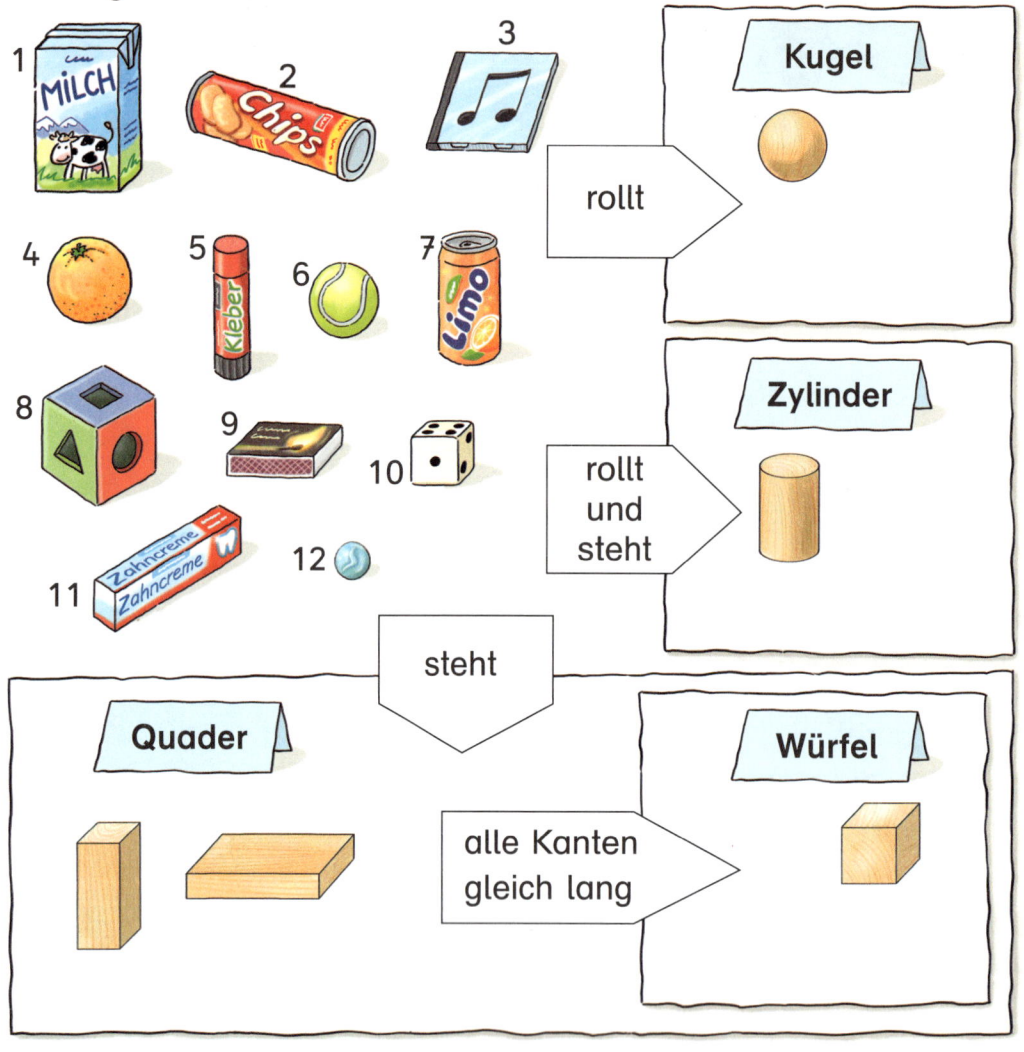

2 Finde Gegenstände im Klassenzimmer, die aussehen wie eine Kugel,
ein Zylinder, ein Quader, ein Würfel.

3 Welche Gegenstände passen nicht? Warum?

a)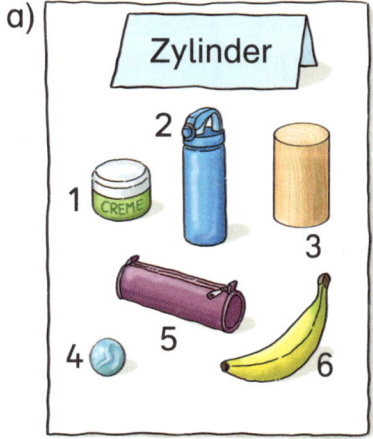

b)

c)

1 Stelle Körper aus Knetmasse her.

a) eine Kugel   b) einen Zylinder   c) einen Quader

2 Kannst du auch einen Würfel kneten?

3 Nehmt verschiedene Quader.

a) Benutzt Quader als Schablone. Welche Figuren entstehen?

b) Würfel sind besondere Quader. Benutzt Würfel als Schablone. Es entsteht immer ein ....

Kreise, Dreiecke, Rechtecke oder Quadrate?

4

Ich bin ein ....
Mich kann man hinlegen, dann bin ich flach, oder hinstellen, dann bin ich hoch. Mit mir als Schablone kann man .... zeichnen.

Ich bin auch ein Quader, aber ein besonderer. Ich bin ein ....
Meine Kanten sind ....
Mit mir als Schablone kann man nur .... zeichnen.

5 Wie viele Quader siehst du? Wie viele davon sind Würfel?

a)
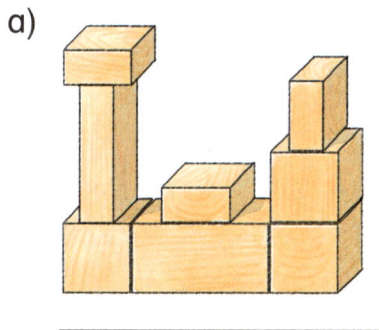

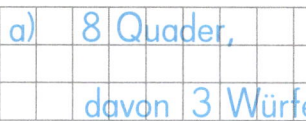

a)   8 Quader,
      davon 3 Würfel

b)

c)

d)

e)

1 Aus Würfeln wurden Quader gebaut. Baue nach.
Wie viele Würfel brauchst du?

a)

b)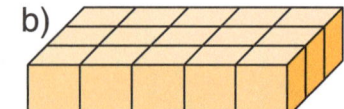

c)

d)

e)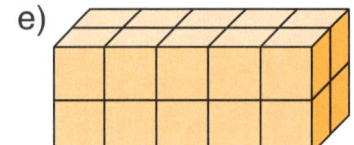

f)

2 Baue nach. Wie viele Würfel brauchst du?

a)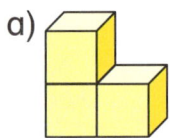

b)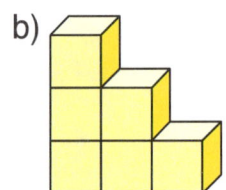

c)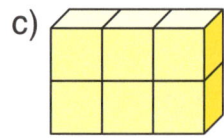

d)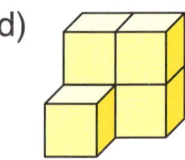

e)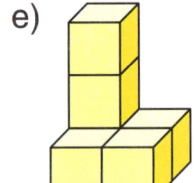

f)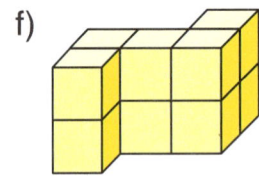

g)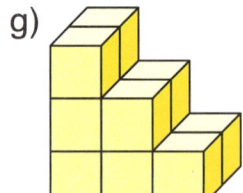

h)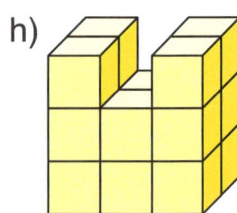

3 Baue nach. Wie viele Würfel brauchst du?
Wie viele Würfel musst du hinzufügen, damit ein Quader entsteht?

a)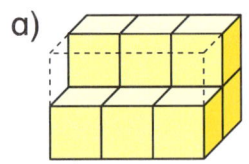

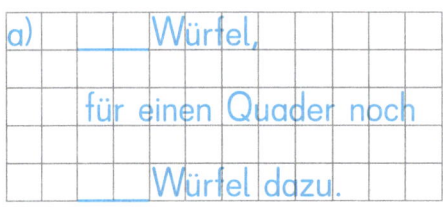

a) _____ Würfel,
für einen Quader noch
_____ Würfel dazu.

b)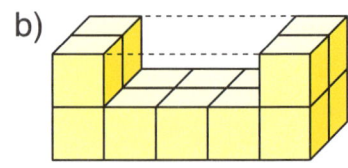

c)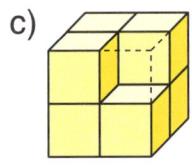

d)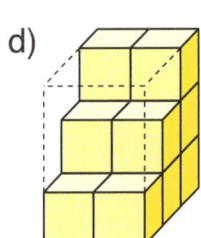

e)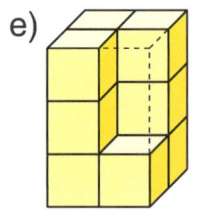

f)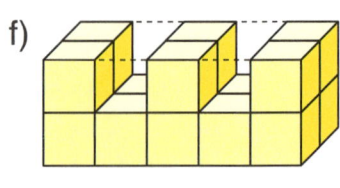

Immer zwei Würfelgebäude passen nicht.

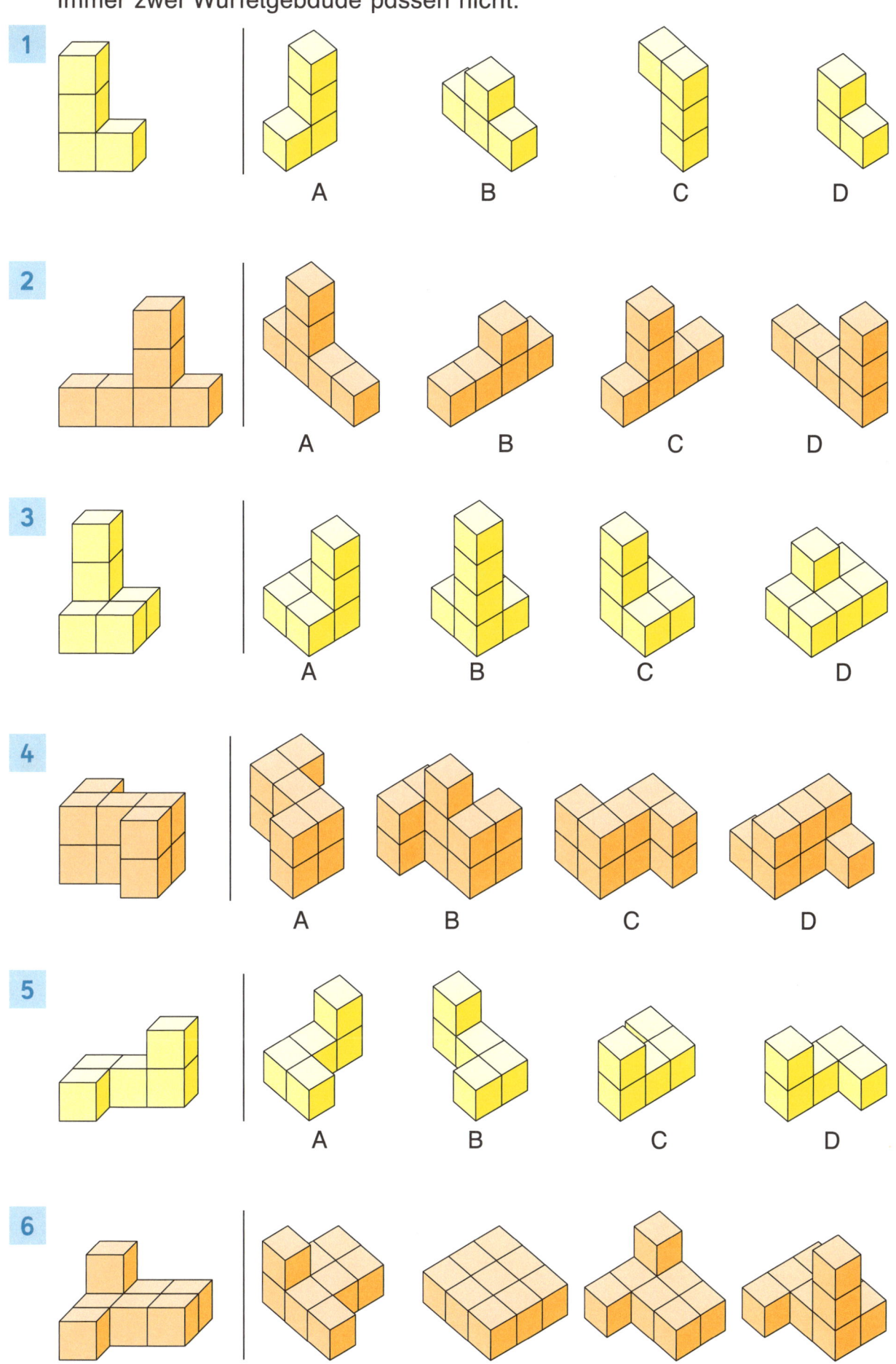

1

A   B   C   D

2

A   B   C   D

3

A   B   C   D

4

A   B   C   D

5

A   B   C   D

6

A   B   C   D

Nach dieser Seite empfiehlt sich Diagnosetest D19.

Von Sachen und Daten

1 Die Kinder der Klasse 2a haben unterschiedliche Lieblingsgerichte.

a) Was ist das Lieblingsgericht der meisten Kinder?

b) Welches Lieblingsgericht wurde am seltensten genannt?

c) Wie viele Kinder sind in der Klasse 2a?

2 Was essen die Kinder in eurer Klasse am liebsten?
Notiert das Ergebnis in einer Strichliste und als Schaubild.

3 Die Kinder haben unterschiedlich viele Geschwister.

Sieben Kinder haben keine Geschwister.

Anzahl der Geschwister
keine Geschwister
1 bis 2 Geschwister
mehr als 2 Geschwister

a) Wie viele Kinder haben mehr als zwei Geschwister?

b) Wie viele Kinder haben ein bis zwei Geschwister?

4 Fragt eure Mitschüler, wie viele Geschwister sie haben.
Notiert das Ergebnis in einer Strichliste. Zeichnet dazu ein Schaubild.

5 Wie viele Kinder mögen rot, wie viele mögen blau am liebsten?

Lieblingsfarben

6 Zeichne zu der Strichliste ein Schaubild.

Lieblingssportarten	
Fußball	卌 卌 I
Schwimmen	卌 I
Reiten	卌
Tennis	III

128

1 Auf dem Minigolfplatz: Die Besucher werden in einer Strichliste gezählt.

a) Zeichne zu der Strichliste ein Schaubild, 1 Kästchen für einen Besucher.

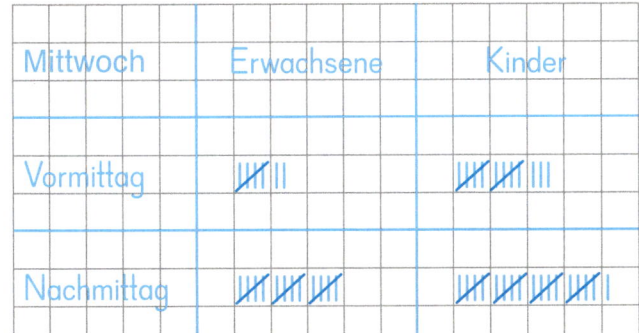

Mittwoch	Erwachsene	Kinder
Vormittag	⊪‖ ‖	⊪ ⊪ ‖‖‖
Nachmittag	⊪ ⊪ ⊪	⊪ ⊪ ⊪ ⊪ ‖

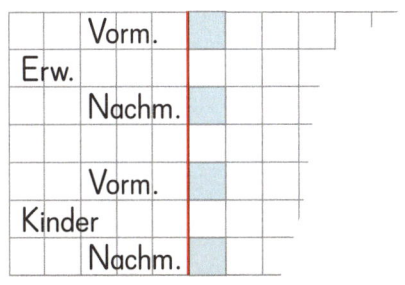

b) Wie viele Besucher sind es am Mittwochvormittag?

c) Wie viele Besucher sind es am Mittwochnachmittag?

d) Wie viele Besucher sind es insgesamt am Mittwoch?

2 Lies aus dem Schaubild die Besucherzahlen am Sonntag ab.

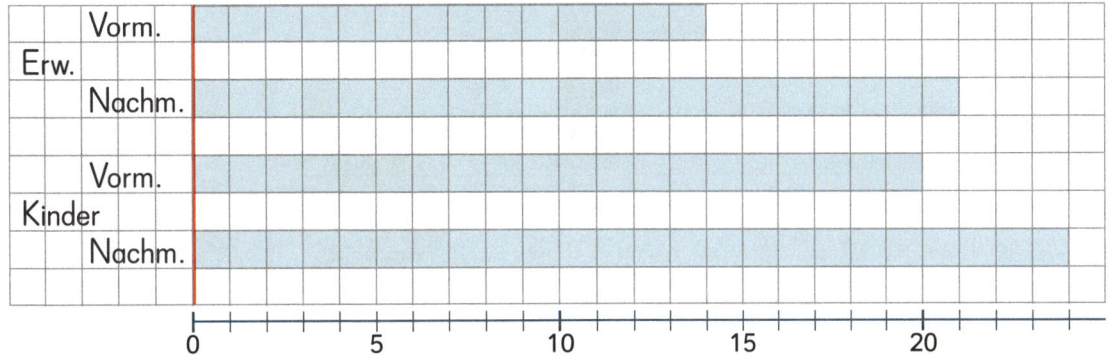

a) Wie viele Erwachsene sind es am Vormittag, am Nachmittag?

b) Wie viele Kinder sind es am Vormittag, am Nachmittag?

c) Wie viele Besucher sind es insgesamt?

Minigolf Park

Öffnungszeiten
Mo–Fr 10.00–17.00
Sa 11.00–20.30
So 11.00–18.00

Eintritt
Kinder 8 €
Erw. 11 €
Familien 25 €

3 €   2 €   1 €

Ben feiert am Sonntag mit 7 Freunden Geburtstag. Um 14.00 Uhr gehen sie in den Minigolf-Park.

3 In wie vielen Stunden schließt der Park?

4 Bens Mutter kauft für Ben und seine Freunde Eis. Sie bezahlt mit einem 20-€-Schein.

5 Um 17.30 Uhr gehen alle wieder nach Hause. Wie lange waren sie im Park?

6 Bens Freunde meinen:
„Der Eintritt für alle war bestimmt sehr teuer!"

1 Die Zwillinge Marie und Max feiern am 15.6.2018 ihren achten Geburtstag.
In welchem Jahr wurden sie geboren?

2 Genau zwei Wochen nach Max und Marie hat ihr Freund Ronni Geburtstag.
An welchen Datum hat Ronni Geburtstag?

3 Max spart für ein Fahrrad.
Er hat schon 57 € gespart.
Oma schenkt ihm 25 €
zum Geburtstag.

4 Marie bekommt 25 € von ihrer Oma.
Sie spart für ein Einrad.
Es kostet 79 €.

5 Die Zwillinge haben acht Freunde eingeladen.
Ihre Mutter hat zwei Packungen Schokoküsse gekauft.

a) Wie viele Schokoküsse sind in einer Packung?

b) Wie viele Schokoküsse hat Mutter gekauft?

c) Mutter will die Schokoküsse
gerecht an alle zehn Kinder verteilen.
Wie viele bekommt jedes Kind?
Wie viele bleiben übrig?

6 Marie und Max haben zwei Bleche Muffins gebacken.

a) Wie viele Muffins sind auf einem Blech?

b) Wie viele Muffins sind es zusammen?

c) Die Muffins sollen gerecht
an alle zehn Kinder verteilt werden.
Wie viele bekommt jedes Kind?
Wie viele bleiben übrig?

1 Auf dem Kindergeburtstag gibt es einen Eierlauf.
Die Slalom-Strecke ist 12 m lang.
Der Abstand zwischen den Hütchen ist immer 1 m.
Wie viele Hütchen werden gebraucht?
Löse mit einer Skizze. Nimm zwei Kästchen für 1 m.

F Wie viele Hütchen werden gebraucht?
L
Start
A

2 Max schlägt vor, eine Slalom-Strecke 18 m lang zu machen.
Der Abstand zwischen den Hütchen ist immer 2 m.
Wie viele Hütchen werden gebraucht?
Löse mit einer Skizze. Nimm zwei Kästchen für 2 m.

3 Marie und Max feiern ihren Geburtstag im Garten.
Papa spannt zwischen den Bäumen eine Schnur mit neun Fähnchen.
Der Abstand zwischen den Fähnchen ist immer 1 m.
Auch der Abstand zwischen Baum und Fähnchen ist 1 m.

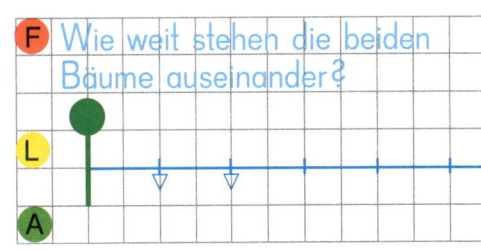

F Wie weit stehen die beiden Bäume auseinander?
L
A

4 Marie und Max hängen für ihre Party zwölf Luftballons
auf eine Schnur zwischen zwei Bäumen.
Der Abstand zwischen zwei Luftballons ist immer 1 m.
Auch der Abstand zwischen Baum und Luftballon ist 1 m.

5 Bei der Party gibt es ein Wettrennen. Max braucht 45 Sekunden.
a) Marie braucht 5 Sekunden mehr als Max.
b) Tim läuft 3 Sekunden schneller als Max.

Nach dieser Seite empfiehlt sich Diagnosetest D20.

1 a) Setze die Folge von Dreiecken fort.

b) Wie viele Hölzchen brauchst du?

Dreiecke	1	2	3	
Hölzchen	3	5		

c) Was stellst du fest?

Regel: Von Dreieck zu Dreieck immer __ Hölzchen mehr.

2 Wahr oder falsch?

a) Mit 20 Hölzchen kannst du zehn Dreiecke legen.

b) Zahline legt fünf Dreiecke. Zahlix legt doppelt so viele Dreiecke.
   Er braucht doppelt so viele Hölzchen.

c) Die Anzahl der gebrauchten Hölzchen ist immer ungerade.

d) Zahlix und Zahline legen zwei Folgen von Dreiecken.
   Zahlines Folge hat ein Dreieck mehr.
   Zusammen haben sie 20 Hölzchen gebraucht.

3 a) Setze die Folge von Quadraten fort und schreibe auf.

Quadrate	1	2	3	
Hölzchen	4	7		

b) Regel: Von Quadrat zu Quadrat immer __ Hölzchen mehr.

4 a) Zahlix hat 20 Hölzchen. Wie viele Quadrate kann er legen?
   Wie viele Hölzchen bleiben übrig?

b) Zahline hat 30 Hölzchen. Wie viele Quadrate kann sie legen?

5 a) Zahlix hat eine Folge von zehn Quadraten gelegt.
   Wie viele Hölzchen braucht er?

b) Zahline hat doppelt so viele Quadrate gelegt.
   Braucht sie doppelt so viele Hölzchen?

6 a) Setze die Folge von Rechtecken fort und schreibe auf.

Rechtecke	1	2	3	
Hölzchen	6	10		

b) Regel: Von Rechteck zu Rechteck immer __ Hölzchen mehr.

c) Ist die Anzahl der gebrauchten Hölzchen immer gerade,
   immer ungerade oder einmal gerade und ein anderes Mal ungerade?

1 Bald sind Sommerferien. Einige Kinder der Klasse 2b nutzen die Ferien, um sich aktiv zu betätigen. Jedes Kind mag eine andere Sportart (Klettern, Reiten, Schwimmen, Rad fahren, Tennis spielen). Alle Kinder fahren in ein anderes Urlaubsland (Holland, Italien, Türkei, Polen, Griechenland).

Welches Kind reitet gern? Welches Kind klettert gern?
Welches Kind fährt nach Polen? Welches Kind fährt nach Italien?

	Klettern	Reiten	Schwimmen	Rad fahren	Tennis	Holland	Italien	Türkei	Polen	Griechenland
Alisha			−							
Mila	−	−	+	−	−				−	
Riana			−							
Leon			−							
Theo			−							

Kennzeichne mit + oder −.

Beispiel:

Mila findet Schwimmen toll: Setze bei Mila in der Spalte Schwimmen +, bei allen anderen Sportarten −.

Setze in der Spalte Schwimmen bei allen anderen Kindern −.

Mila fährt nicht nach Polen: Setze bei Mila in der Spalte Polen −.

Zahlenraum bis 100

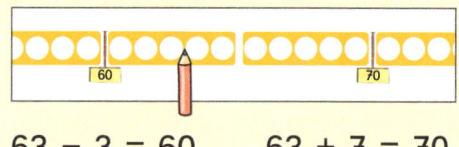

Vorgänger **Nachfolger**

V	Zahl	N
62	63	64

Nachbarzehner

$$63 - 3 = 60 \qquad 63 + 7 = 70$$

kleiner

$$48 < 63$$

48 kleiner 63

größer

$$63 > 48$$

63 größer 48

gerade und ungerade Zahlen

10 12 14 16 18 20
  11 13 15 17 19

100 Einer
10 Zehner
1   Hunderter

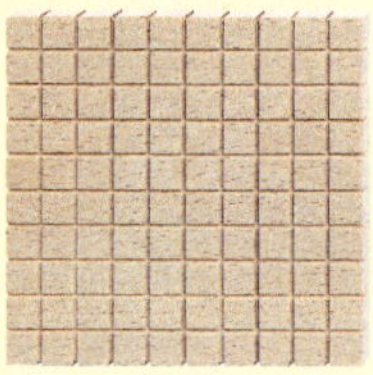

10 Einer
1 Zehner

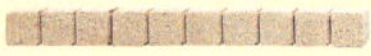

1 Einer

Addiere 7 und 35.

35

7

7 + 35 = 42

Die Summe ist 42.

$$3 + 3 + 3 + 3 = 12$$

4 mal 3 gleich 12

$$4 \cdot 3 = 12$$

$3 + 3 + 3 + 3$, also $4 \cdot 3 = 12$

$4 + 4 + 4$, also $3 \cdot 4 = 12$

$4 \cdot 3$ und $3 \cdot 4$ sind Tauschaufgaben. Tauschaufgaben haben das gleiche Ergebnis.

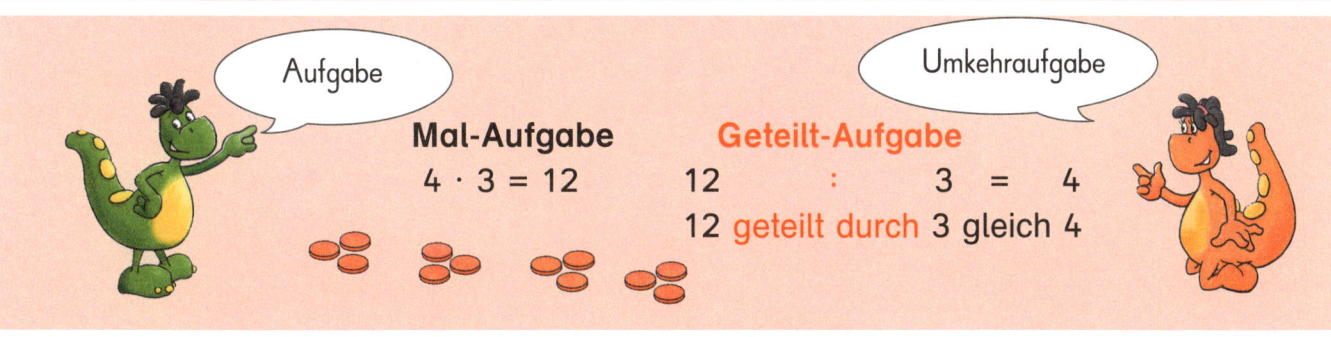

Aufgabe

Umkehraufgabe

Mal-Aufgabe
$4 \cdot 3 = 12$

Geteilt-Aufgabe
$12 \quad : \quad 3 = 4$
12 geteilt durch 3 gleich 4

Das Doppelte von 7 ist 14.
$2 \cdot 7 = 14$

Teilt gerecht.

Die Hälfte von 14 ist 7.
$14 : 2 = 7$

In dieser Spalte steht die Zweier-Reihe.

$9 \cdot 2 = 18$
In diesem Feld steht das Ergebnis.

In dieser Zeile stehen die Ergebnisse der Tauschaufgaben.

Von den Sonnen-Aufgaben zu den Nachbaraufgaben

$4 \cdot 3$

$5 \cdot 3$

$6 \cdot 3$

3 weniger als $5 \cdot 3$

3 mehr als $5 \cdot 3$

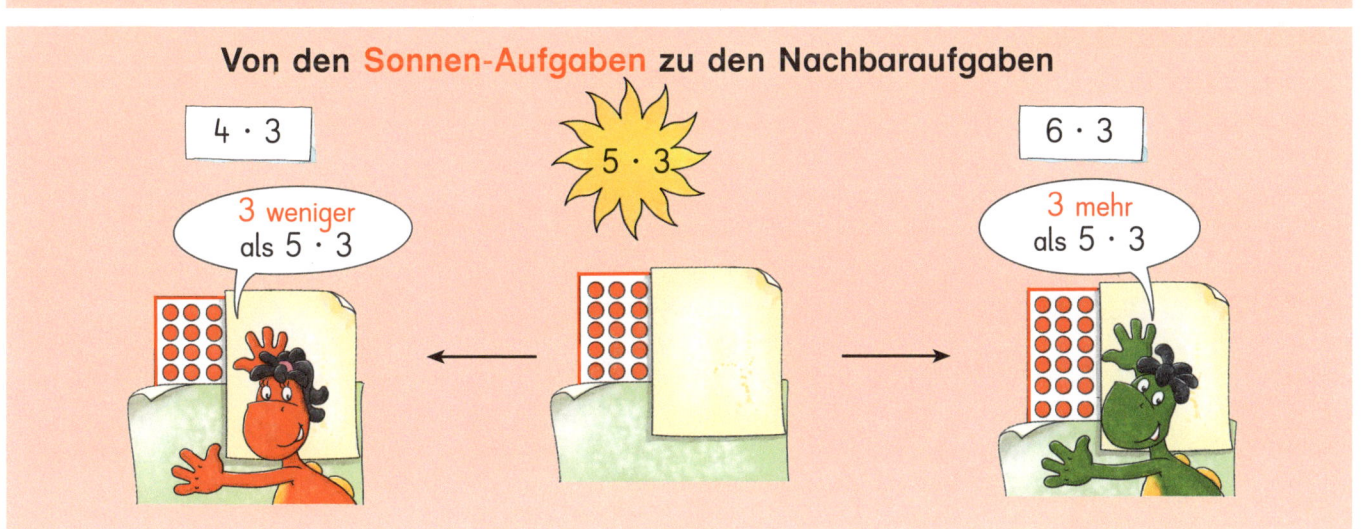

Sachrechnen

Frage

Lösung

Antwort

F Es sind 14 Kinder. Immer drei Kinder sind in einer Gruppe.
Wie viele Gruppen sind es? Wie viele Kinder bleiben übrig?

L

A Vier Gruppen sind es. Zwei Kinder bleiben übrig.

Ein Euro gleich 100 Cent.

1 € = 100 ct

Ein Meter gleich 100 Zentimeter.

1 m = 100 cm

---

1 Tag = 24 Stunden

1 Stunde = 60 Minuten
1 h = 60 min

1 Minute = 60 Sekunden
1 min = 60 s

  15 Minuten sind eine Viertelstunde

  30 Minuten sind eine halbe Stunde

 45 Minuten sind eine Dreiviertelstunde

---

 Figuren mit einer **Spiegelachse** sind **achsensymmetrisch**.

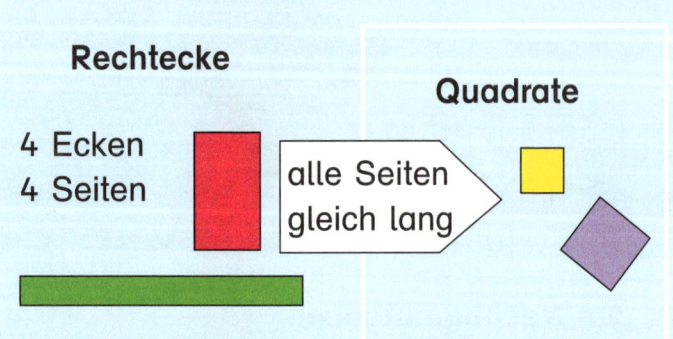

Rechtecke

Quadrate

4 Ecken
4 Seiten

alle Seiten gleich lang

Kreise

keine Ecken

Dreiecke

3 Ecken
3 Seiten

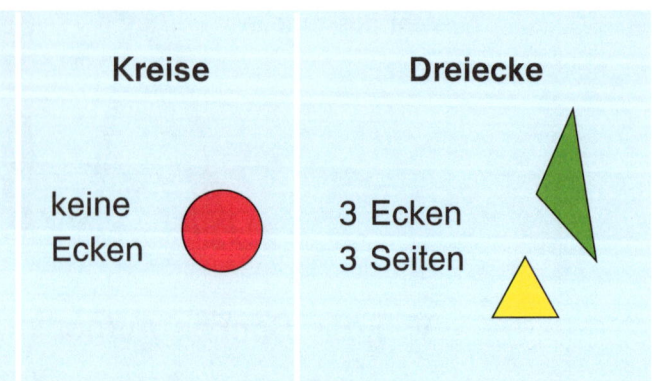

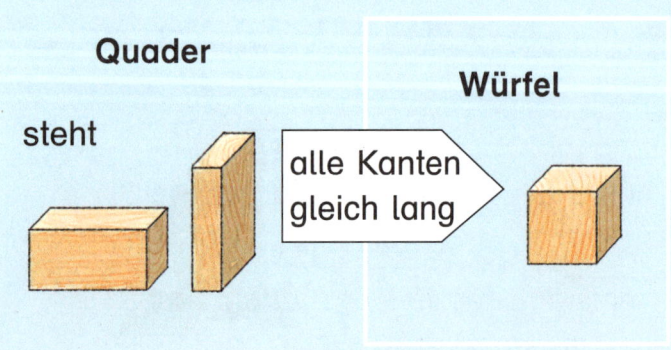

Quader

Würfel

steht

alle Kanten gleich lang

Kugel

rollt

Zylinder

rollt und steht